序

《国家职业教育改革实施方案》(国发〔2019〕4号)明确指出:职业教育与普通教育是两种不同教育类型,具有同等重要地位。为此,职业教育迎来了改革的春天,全国职业院校迅速积极改革探索,拓展人才成长通道,开展了职业教育本科层次试点,构建人才培养立交桥,深入推进高职对口招收中职学生和高职春季招生工作,开展了中职与本科"3+4"、中职对接高职"3+3"、高职与本科贯通"3+2"分段培养试点。这些试点的铺开,涉及人才培养方案的制订、教学计划的修订、教材的建设等。

本套教材是在贵州省交通运输厅课题"交通类高职专科与本科衔接(五年制)课程体系及核心教材研究与开发"的研究成果上,配合《国家职业教育改革实施方案》(国发〔2019〕4号)进行职业教育分段培养开发的一套试点教材,其目的是进一步促进专业教学改革、提高教学质量,拓展职业教育人才成长通道。《国家职业教育改革实施方案》(国发〔2019〕4号)在教材建设上也明确提出:每3年修订1次教材,其中专业教材随信息技术发展和产业升级情况及时动态更新。为此,教材组成员通过多方调研,专家论证,探索了新型职业发展道路,在技能人才培养模式下开发了特色教学资源。

本套教材突出了职业能力与工作岗位相结合的知识要点,突出了学生主体、教师引导的教学理念,建立了与公路运输专业相对应的课程内容,并在学生全面发展及可持续发展等方面增加了相应篇幅,其目标是实现学生主动学习、积极学习和兴趣学习。

在这些教材中,既有交通运输类各专业工学结合的核心课程教材,也有专业基础课程教材。无论是哪种类型的教材,在编写中都强调对内容的改革与创新,强调专业教材随信息技术发展和产业升级情况及时更新内容,强调教材为高素质技能型人才培养服务,强调教材的职业适应性。新教材的使用必须根植于教学改革的成果之上,反过来又促进教学改革目标的实现,推进职业教育人才培养模式改革。

本套教材与传统教材相比有如下5个方面的特点:

第一,该教材由原来的传统知识体系改为工作过程的项目、模块结构形式;教材中的项目来源于岗位工作任务分析确定的工作项目所设计的教学项目,教材中的模块来源于完成工作项目的工作过程。

第二,教材的内容不再依据相关学科的理论知识体系,而来源于相应岗位的工作内容。教

学内容的选取依据完成岗位工作任务对知识和技能的要求,建立在行业专家对相应岗位工作任务分析结果和专业教师深入行业进行岗位调研结果的基础上。注重学生实践训练、培养学生完成工作的能力。

第三,教材不再停留在对课程内容的直接描述上,而是十分注重对教学过程的设计,注重学生对教学过程的参与。在教材的各个项目之前,一般都提出了该项目应该完成的工作任务,该任务可能是学习性的工作任务,也可能是真实的工作任务。

第四,教材注重技能培养的实用性,基于工作过程开发的配套课程教材更注重学习者的认知逻辑和学习效能,用浅显生动的语言描述配以丰富的图片展示,加之教材内容的组织考虑了知识、技能的相关性和逻辑性,使学习者学习轻松、运用自如。

第五,教材结构上大胆尝试和创新,把握信息技术发展和产业升级情况,引入了大量的案例、行业标准和技术规范,融入新技术、新材料、新方法,加入大量图片、动画、视频、微课等信息化资源,增加了学生学习的趣味性。

在教材的编写过程中,也倾注了相关企业有关专家的大量心血和辛勤劳动,在此谨向他们表示衷心的感谢!由于开发时间短,教学检验尚不充分,错误和不当之处难免,敬请专家、同行指教。

教材编写委员会

2019 年 5 月

中等职业教育建筑工程施工专业系列教材

基础工程施工

主　编　罗　筠
副主编　王　松
主　审　卢　斌

重庆大学出版社

内容提要

本书紧紧围绕地基与基础设计、施工规范的内容，全面论述各种地基土环境下的各种类型基础工程的施工技术，内容涵盖岩土的鉴别与工程分类、地基土的工程特性、地基评价与计算、地基设计原则、湿陷性黄土地基、膨胀土地基、冻土地基、扩展基础与柱下条形基础、筏形基础与箱形基础、桩基础、沉箱与沉井、地下结构、基坑与边坡、地基处理、地下连续墙、地下水检测与监测等。

本书可作为中等职业教育建筑工程施工专业教材使用，也可作为地基基础、岩土工程、土建勘察等技术人员的参考用书。

图书在版编目(CIP)数据

基础工程施工 / 罗筠主编. -- 重庆 : 重庆大学出版社, 2020.4

ISBN 978-7-5689-1729-2

Ⅰ. ①基… Ⅱ. ①罗… Ⅲ. ①基础施工—职业教育—教材 Ⅳ. ①TU753

中国版本图书馆 CIP 数据核字(2019)第 248828 号

基础工程施工

主　编　罗　筠

副主编　王　松

主　审　卢　斌

策划编辑：肖乾泉

责任编辑：肖乾泉　　版式设计：肖乾泉

责任校对：王　倩　　责任印制：张　策

*

重庆大学出版社出版发行

出版人：饶帮华

社址：重庆市沙坪坝区大学城西路 21 号

邮编：401331

电话：(023)88617190　88617185(中小学)

传真：(023)88617186　88617166

网址：http://www.cqup.com.cn

邮箱：fxk@cqup.com.cn (营销中心)

全国新华书店经销

重庆魏承印务有限公司印刷

*

开本：787mm×1092mm　1/16　印张：12　字数：301千

2020 年 4 月第 1 版　2020年 4 月第 1 次印刷

印数：1—2 000

ISBN 978-7-5689-1729-2　定价：32.00 元

前　言

随着我国经济建设、社会发展不断前进，职业教育蓬勃发展，以学生为中心、以职业能力与职业素养培养为核心的教育教学改革正在深入开展。为了适应中等职业技术教育的改革和发展，满足培养实用型、技能型高级人才的要求，根据我国目前中职高专院校基础工程技术专业岗位的能力要求、相关课程设置与中职中专的教学特点，结合社会对技术人才的要求，本着提高学生素质和技能的原则编写本书。

本书力求贴近职业教育的特点，淡化理论计算，重视地基基础基本概念和理念的介绍；结合基础工程相关的勘察、设计和施工等最新规范，力求反映新技术的应用，重视实践技能的培养和基础知识应用能力的训练，同时注意学科的系统性和技术的新成就及发展。全书共分8章，包括地基勘察、天然地基浅基础、柱下条形基础、筏形基础和箱形基础、桩基础与深基础、地基处理、基坑开挖与地下水控制等内容。各章设置思考题，以引导学生思考，同时根据需要部分知识点配有视频资源。

本书由贵州交通技师学院罗筠担任主编，贵州交通技师学院王松担任副主编，并参与了全书各章节的编写。绪论由贵州交通技师学院罗筠、王松编写，第1章、第2章、第3章由贵州交通技师学院罗筠、王松、王翔编写，第4章、第5章由贵州交通技师学院罗筠、王松、娄飞编写，第6章、第7章、第8章由贵州交通技师学院罗筠、王松、杨洪亮编写。全书由罗筠、王松统稿。

限于编者水平，书中难免存在不足和疏漏，恳请有关专家和广大读者提出宝贵意见。

编　者

2019年10月

目 录

0 绪论 …… 1
0.1 基础工程术语 …… 1
0.2 课程的基本内容与特点 …… 5
第1章 基础知识 …… 6
1.1 土的组成 …… 6
1.2 土的基本物理性质指标 …… 7
1.3 土的分类 …… 15
1.4 室内土工试验介绍 …… 17
第2章 土方工程施工 …… 24
2.1 土方工程施工的基本概念 …… 24
2.2 场地平整土方量计算 …… 26
2.3 土方调配 …… 32
2.4 土方开挖 …… 36
2.5 土方回填 …… 43
2.6 土方工程机械施工 …… 49
第3章 基坑支护结构施工及降水排水 …… 54
3.1 基坑支护 …… 54
3.2 深基坑支护结构施工 …… 54
3.3 基坑降水排水 …… 61
第4章 独立基础施工 …… 67
4.1 钢筋混凝土独立基础构造 …… 67
4.2 钢筋混凝土独立基础施工要点 …… 72
4.3 钢筋混凝土独立基础质量验收 …… 76
4.4 钢筋混凝土柱下独立基础施工操作 …… 76
第5章 桩基础施工 …… 84
5.1 桩基础 …… 84
5.2 预制桩的制作、吊装、运输、堆放 …… 86
5.3 打桩施工 …… 90
5.4 混凝土灌注桩施工 …… 97

第 6 章　条形基础施工 …… 122
6.1　条形基础构造 …… 122
6.2　条形基础施工工艺 …… 125
6.3　条形基础质量验收 …… 132
第 7 章　筏板基础施工 …… 145
7.1　筏板基础构造 …… 145
7.2　筏板基础施工工艺 …… 147
7.3　筏板基础质量验收 …… 157
第 8 章　箱形基础施工 …… 160
8.1　箱形基础构造 …… 160
8.2　箱形基础施工工艺 …… 162
8.3　箱形基础质量验收 …… 164
参考文献 …… 181

0 绪 论

0.1 基础工程术语

1) 土

土是地壳岩石经过物理、化学、生物等风化作用的产物,是各种矿物颗粒组成的松散集合体,是由固体颗粒(介质)、水和空气组成的三相体。

无黏性土颗粒间互不连接、完全松散;黏性土颗粒间虽有连接,但连接远小于颗粒本身强度。

土的主要特点:松散性和三相组成,这是它在强度和变形等力学性质上与其他连续固体介质根本不同的内在原因。

2) 土力学

土力学是运用力学基本原理和土工测试技术,研究土的生成、组成、密度或软硬状态等物理性质以及土的应力、变形、强度和稳定性等静力、动力性状及其规律的一门学科。简单地说,就是用力学的观点研究土各种性能的一门科学。

土与其他连续固体介质不同,仅靠具有系统理论和严密的公式力学知识,尚不能描述土体在受力后所表现的性状及由此引起的工程问题,必须借助实践经验、现场试验、室内试验辅助理论计算。因此,土力学是一门依赖实践的科学。

3) 地基

地基是土层中附加应力和变形所不能忽略、承受建筑荷载并受其影响的地层。

地基可分为天然地基和人工地基。天然地基是指未经人工处理就可直接利用天然土层的地基。人工地基是指经过人工处理才能作为地基的土体。

4) 基础

基础是将埋入土层一定深度的建筑物荷载向地基传递的下部承重结构(图 0.1)。

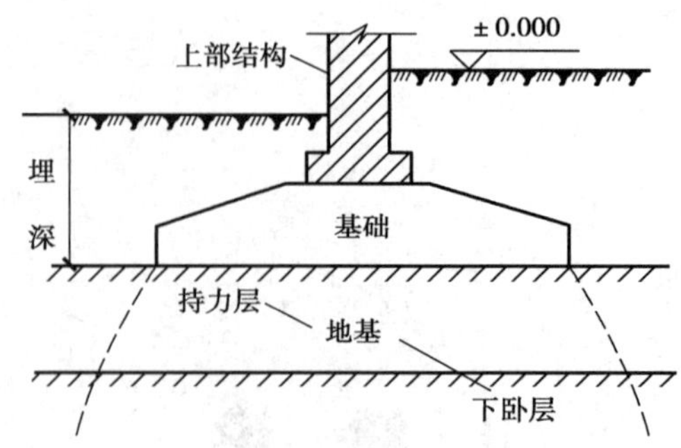

图0.1　地基与基础示意图

(1)基础作用

①承受上部结构荷载。

②向地基传递压力,起承上启下的作用。

③调整地基变形。

(2)基础分类

①浅基础:用普通(常规)方法施工的基础。一般基础埋深 $d \leqslant 5$ m。

②深基础:需要一定的机械设备建造的基础,如桩基、墩基和地下连续墙等。埋置深度 $d \geqslant 5$ m。

基础埋深:从设计地面(一般从室外地面)到基础底面的垂直距离称为基础埋深。

持力层:直接与基础地面接触的土层(基础直接坐落的土层)。

下卧层:地基内持力层下面的土层。

软弱下卧层:地基承载力低于持力层的下卧层称为软弱下卧层。

强度条件:作用在基础底面的压力必须小于或等于地基承载力特征值。

变形条件:基础沉降不得超过地基变形容许值。也就是说,地基变形值必须限制在建筑所允许的范围内。

5)地基基础在建筑工程中的重要性

地基与基础是建筑物的根基,又属于隐蔽工程,它的勘察、设计和施工质量直接关系建筑物的安危。

实践证明,建筑事故频发与地基基础有关。

(1)基础工程失败的例子

①加拿大 Transcona 谷仓南北长 59.44 m,东西宽 23.47 m,高 31.00 m。基础为钢筋混凝土筏板基础,厚 2 m,埋深 3.66 m。谷仓于 1911 年动工,1913 年秋完成。谷仓自重 20 000 t,相当于装满谷物后总重的 42.5%。1913 年 9 月装谷物,发现谷仓 1 h 内竖向沉降达 30.5 cm,并向西倾斜;24 h 后倾倒,西侧下陷 7.32 m,东侧抬高 1.52 m,倾斜 27°。地基虽破坏,但钢筋混凝土筒仓却安然无恙,后用 388 个 50 t 千斤顶纠正后继续使用,但位置较原先下降 4 m。

事故原因是设计时未对谷仓地基承载力进行调查研究,不了解埋藏有厚达 16 m 的软黏土层,而采用了邻近建筑地基 352 kPa 的承载力。建成后初次储藏谷物使基底平均压力达到了 320 kPa。1952 年的勘察试验与计算表明,该地基的实际承载力为 193.8 ~ 276.6 kPa,远小于谷仓地基破坏时 329.4 kPa 的地基压力，地基因超载而发生强度破坏。

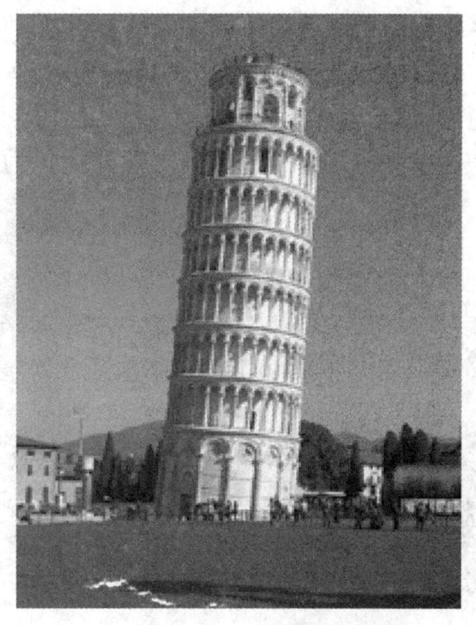

图 0.2 比萨斜塔

②意大利比萨(Pisa)斜塔自 1173 年 9 月 8 日动工，至 1178 年建至第 4 层中部即高度29 m 时，因塔明显倾斜而停工(图 0.2)。1272 年复工，经 6 年时间建完第 7 层，高 48 m，再次停工中断 82 年。1360 年再次复工，1370 年竣工，前后历经近 200 年。

该塔共 8 层，高 55 m，全塔总荷重 145 000 kN，相应的地基平均压力约为 50 kPa。地基持力层为粉砂，下面为粉土和黏土层。由于地基的不均匀下沉，塔向南倾斜，南北两端沉降差 1.8 m，塔顶离中心线已达 5.27 m，倾斜 5.5°，成为危险建筑。

为了确保游客安全，保护这座世界知名斜塔，避免其过度倾斜而坍塌，意大利当局决定于 1990 年 1 月关闭斜塔，着手加固纠偏工作，并邀请国内外专家对该塔进行拯救性“纠偏扶正”。1998 年 7 月，我国著名纠偏专家曹时中教授，应意中友好协会主席奥纳多 · 兰西奥的邀请，飞往意大利为比萨斜塔纠偏当参谋、出主意。经科学家们反复论证、实验、比对，采取有效措施，硬是把斜塔成功“扶正”了近 50 cm。塔顶偏离中心的距离由 5 m 缩小到 4.5 m，其稳定性已经达标。意大利专家称，这座斜塔至少还可以矗立 300 年。

图 0.3 苏州虎丘塔

③苏州虎丘塔建于公元 959—961 年，为 7 级八角形砖塔，塔底直径 13.66 m，高 47.5 m，重 63 000 kN(图 0.3)。其地基土层由上至下依次为杂填土、块石填土、亚黏土夹块石、风化岩石、基岩等。地基土压缩层厚度不均及砖砌体偏心受压等原因造成该塔向东北方向倾斜。1956—1957 年，对上部结构进行修缮，但使塔重增加了 2 000 kN，加速了塔体的不均匀沉降。1957 年，塔顶位移为 1.7 m，到 1978 年发展到 2.3 m，重心偏离基础轴线 0.924 m，砌体多处出现纵向裂缝，部分砖墩应力已接近极限状态。

后在塔周建造一圈桩排式地下连续墙，并采用注浆法和树根桩加固塔基，基本遏制了塔的继续沉降和倾斜。

④图 0.4 所示两个筒仓是农场用来储存饲料的，建于加拿大红河谷的 Lake Agassiz 黏土层上。由于两筒之间的距离过近，在地基中产生的应力发生叠加，使得两筒之间地基土层的应力

水平较高，从而导致内侧沉降大于外侧沉降，仓筒向内倾斜。

⑤除满足承载力的要求外，还要求地基不能发生过大的变形。图0.5所示为墨西哥城的一幢建筑，可清晰地看见其发生的不均匀沉降。该地土层为深厚的湖相沉积层，土的天然含水率高达650%，液限为500%，塑性指数为350，孔隙比为15，具有极高的压缩性。

图0.4　筒仓

图0.5　墨西哥城某建筑

⑥2007年5月28日，南京地铁火车站基坑施工现场发生滑坡事故，发生土方坍塌的工作面位于基坑的东端，坍塌的土质大多为淤泥质土和杂填土。

据专家介绍，茶亭在的南京城西属于滨江带，地质条件为河漫滩地质，土壤的含水率超过60%。仅集庆门大街站、所街站、元通站3站，每天抽水量就高达80 000 m^2，工程期间抽取的地下水足可以形成一个小湖泊。在河西这几个站的开挖现场，挖下去四五层楼深，地下仍然是黑乎乎的淤泥。

(2)基础工程成功的例子

①赵州桥位于河北赵州(今赵县)，于公元595—605年修建，净跨37.02 m。基础建于黏性土地基，基底压力为500～600 kPa，但地基并未产生过大变形，按照现行规范验算，地基承载力和基础后侧被动土压力均正好满足要求，且经无数次洪水和地震的考验仍安然无恙。

②台北101大楼目前为台湾最高建筑，高508 m，共101层，位于台北信义区。

③阿联酋迪拜兴建一幢全球最高的迪拜大厦，楼高828 m，于2010年完工。迪拜大厦不仅是全球最高建筑物，也是最高的人工塔。

④润扬长江公路大桥横跨长江南北，连接镇江、扬州两地(图0.6)。润扬长江公路大桥由悬索桥和斜拉桥结合而成，跨江长度为7.3 km，总长35.66 km。

润扬长江公路大桥为目前我国第一大跨径的组合型桥梁，其建设过程中攻克多项世界性技术难题，创造出8项全国第一。

图0.6　润扬长江公路大桥

0.2 课程的基本内容与特点

本课程是土木工程专业的一门主干专业课程,其任务是保证各类建筑物安全可靠,使用正常,不发生各种地基基础工程质量事故。

①本课程涉及的内容有工程地质、土力学基础、建筑力学、建筑结构、建筑材料、施工技术等。

②本课程内容:土力学部分主要是土的物理性质、力学性质(土的压缩性、土中应力、变形、土压力、挡土结构及边坡稳定性验算等);基础工程部分主要是天然地基浅基础、桩基础设计及软土地基处理。

③地基与基础是属于隐蔽工程(即看不见的结构),因此,在学习过程中必须灵活运用相关知识因地制宜进行地基基础施工。

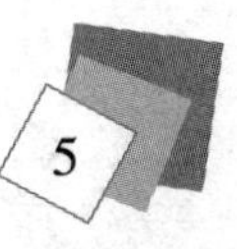

第1章　基础知识

1.1　土的组成

1.1.1　土的概念

土位于地壳的表层，是人类工程经济活动的主要地质环境。它是由地壳岩石经风化、剥蚀、搬运、沉积作用形成的大小悬殊的颗粒，是由固体矿物、液态水和空气组成的一种集合体（图1.1）。由于土是岩石风化的产物，因此在不同的风化条件下可能形成不同性质的土。在土木工程中，土是指覆盖在地表上碎散的、没有胶结或胶结很弱的颗粒堆积物，被广泛用作各种工程建筑物的地基。

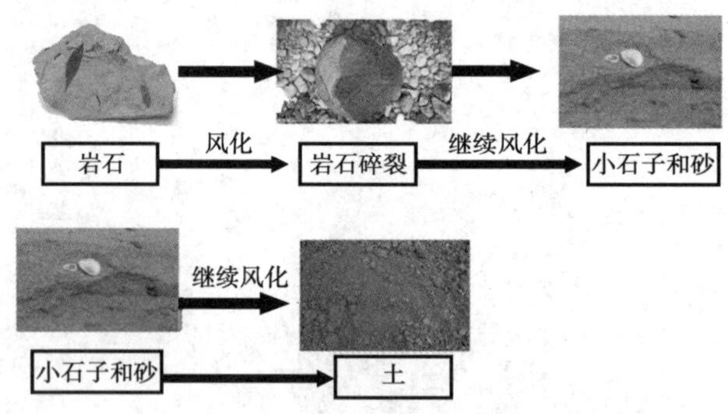

图1.1　土的形成过程

土从外观颜色上看，较为复杂，但以黑、红、白为基本色调。颜色是土粒成分的直观反映，黑色是其所含有机物腐化而成，白色来自石英和高岭石的本色，红色主要是土中含有高价氧化铁。土的颜色随着土的形成环境不同，呈现多种多样的变化。

1.1.2　土体与土的三相组成

土体是指建筑场地范围内由不同土层组成的单元体，是建筑地基的重要组成部分。土的

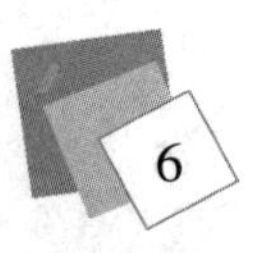

三相组成分为固相(固体颗粒)、液相(液态水)、气相(空气)3 部分(图 1.2)。其中,固体颗粒构成土的骨架,骨架之间存在的大量孔隙填充着液态水和空气,因此土也被称为三相介质。

(1)土的固体颗粒

土的固体颗粒主要由矿物成分与有机质成分组成。土中固体颗粒的大小、形状、矿物成分及粒径大小的搭配情况,决定土的物理力学性质与区域工程性质。

(2)土的液相

土的液相是指土中的自由水,它填充在颗粒间的孔隙内,主要决定土的稠度状态。

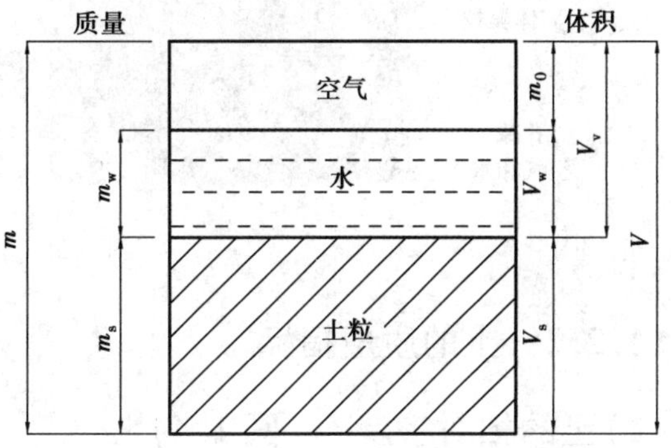

图 1.2　土的三相组成

(3)土的气相

土的气相是指填充在土体孔隙中的气体。土中的气体可以分为自由气体(与大气连通)和封闭气体(与大气不连通)两种。自由气体由于与大气连通,土层受压力作用时土中气体能够从孔隙中挤出,对土的性质影响不大,在工程建设中可不予考虑。封闭气体与大气隔绝,存在于黏性土中,土层受压力作用时气体被压缩或溶解于水中,压力减小时又能恢复原状。因此,封闭气体的存在使得土具有弹性和压缩性,对土的工程性质有较大影响。

自然界中土的三相比例并不是完全一样的,而是随着周围环境条件的改变而改变。土的三相比例不同,其状态和工程性质也各不相同。当孔隙中只有气体填充时为干土,当孔隙有液态水和气体填充时为湿土,当孔隙中只有液态水填充时为饱和土。因此,饱和土和干土都是两相土,湿土才是三相土。

思考与练习

1. 什么是土?
2. 土由哪几部分组成?

1.2　土的基本物理性质指标

1.2.1　土的物理性质指标概念

土的物理性质指标是衡量土的三相物质体积和质量比例关系的指标,是指土中固相、液相、气相三者在质量和体积方面的相互配比数值(图 1.3)。三相物理性质指标反映了土的干湿、松密、软硬等物理状态,是评价土的工程性质的基本物理指标。土的基本物理指标分为两类:一类是实测指标,即通过实验直接测定(如土的天然密度、含水率、土的相对密度);另一类是导出指标,即以实测指标为依据推导而得出的指标(如土的干密度、孔隙比、饱和密度、水下密度和饱和度等)。

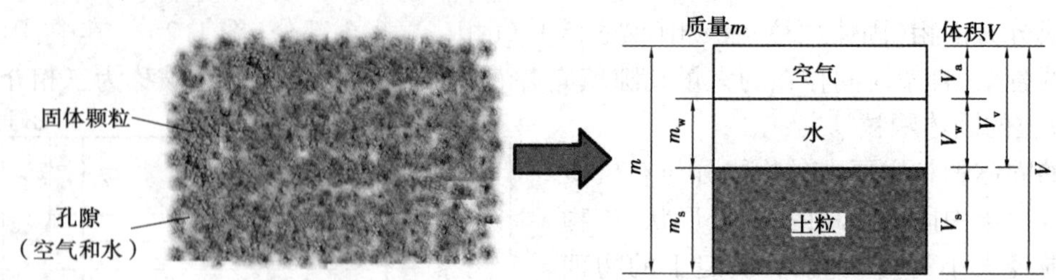

图 1.3　土的三相图

1.2.2　土的质量指标

1）土的相对密度 G_s（图 1.4）

定义：土的相对密度是指土在 105～110 ℃下烘干至恒重时的质量与同体积 4 ℃蒸馏水质量的比值，即土的相对密度 $=\dfrac{\text{干土粒质量}}{\text{干土粒体积}\times\text{水的密度(4 ℃条件下)}}$。

$$G_s = \frac{m_s}{V_s \times \rho} \tag{1.1}$$

图 1.4　土的相对密度

式中　G_s——土的相对密度；

m_s——干土粒的质量，g；

V_s——干土粒的体积，cm^3；

ρ——水在 4 ℃时的密度，g/cm^3。

土的相对密度只与组成土的矿物成分有关，而与土中孔隙的大小无关。一般砂土的相对密度为 2.65，黏土的相对密度可达 2.75，含腐殖质多的黏质土的相对密度较小，约为 2.60。

土的相对密度常用测定方法有比重瓶法、浮称法与虹吸筒法。

2）土的密度

土的密度是指土的总质量与土的总体积的比值，单位为 g/cm^3（图 1.5）。这里所说的总质量包括土固体颗粒的质量（m_s）、土孔隙中水的质量（m_w）和气体的质量（m_a）。由于气体质量极小，可视为 $m_a\approx 0$。根据孔隙中水分的情况，将土的密度分为天然密度（ρ）、干密度（ρ_d）、饱和密度（ρ_f）和水下密度（ρ'）。

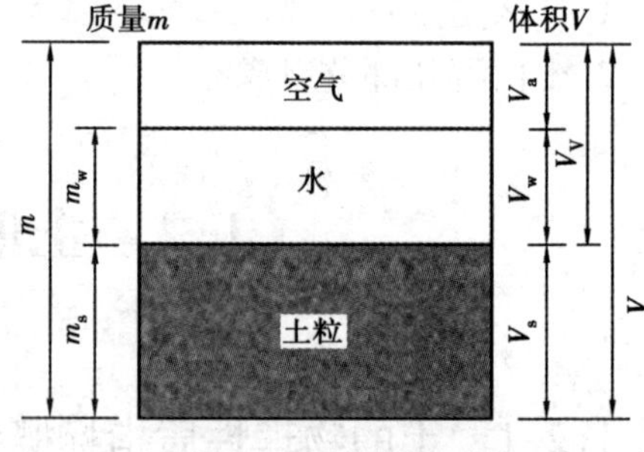

图 1.5　土的密度

（1）土的天然密度（ρ）

定义：土的天然密度是指天然状态下，土的单位体积质量，包括土颗粒的质量和孔隙中天然水分的质量，又称湿密度，即土的天然密度 $=\dfrac{\text{土中水的质量}+\text{干土粒质量}}{\text{土的总体积}}=\dfrac{\text{土的总质量}}{\text{土的总体积}}$。

$$\rho = \frac{m_w + m_s}{V} = \frac{M}{V} \tag{1.2}$$

式中　ρ——土的天然密度，g/cm^3；

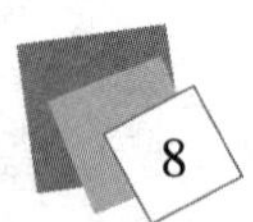

m_s——干土粒的质量,g;

m_w——土中水的质量,g;

V——土的总体积,cm^3;

M——土的总质量,g。

土的密度与土的结构和所含水分的多少以及矿物成分有关,所以在测定天然密度时,必须用原状土样,即天然结构与天然水分没有发生变化的土样。

土的天然密度的测定方法有环刀法、灌水法、灌砂法和蜡封法。土的天然密度一般为 1.60～2.20 g/cm^3。

(2)土的干密度(ρ_d)

定义:土的干密度是指干燥状态下单位体积土的质量,即土中固体颗粒的质量(m_s)与土的体积(V)的比值,即土的干密度 $=\dfrac{\text{干土粒质量}}{\text{土的总体积}}=\dfrac{\text{土的天然密度}}{1+0.01\times\text{土的含水率}}$。

$$\rho_d = \frac{m_s}{V} = \frac{\rho}{1 + 0.01\omega} \tag{1.3}$$

式中 ρ_d——土的干密度,g/cm^3;

m_s——干土粒的质量,g;

V——土的总体积,cm^3;

ρ——土的天然密度,g/cm^3;

ω——土的含水率,%。

土的干密度实际上是指土中完全不含水分时的密度。某一土样干密度值的大小,主要取决于土的结构,即孔隙率的大小影响干密度的值。通常,土的干密度值越大,土越密集,孔隙率越小。干密度在一定程度上反映了土粒排列的紧密程度。在工程中,常用干密度按式(1.4)计算压实度δ,作为人工填土压实的控制指标,即土的压实度 $=\dfrac{\text{工地实测干密度}}{\text{标准击实试验所得的最大干密度}}\times 100\%$。

$$\delta = \frac{\rho_d}{\rho_{dmax}} \times 100\% \tag{1.4}$$

式中 δ——土的压实度;

ρ_d——工地实测干密度,g/cm^3;

ρ_{dmax}——标准击实试验所得的最大干密度,g/cm^3。

(3)土的饱和密度(ρ_f)

定义:土的饱和密度是指当土的孔隙中全部被水充满时的密度,即土的饱和密度 $=\dfrac{\text{干土粒质量}+\text{土的孔隙中水的质量}}{\text{土的总体积}}=\dfrac{\text{干土粒质量}+\text{土的孔隙体积}\times\text{水的密度}}{\text{土的总体积}}$。

$$\rho_f = \frac{m_s + m'_w}{V} = \frac{m_s + \nu_n\rho_w}{V} \tag{1.5}$$

式中 ρ_f——土的饱和密度,g/cm^3;

m_s——干土粒的质量,g;

V——土的总体积,cm^3;

ρ_w——水的密度，g/cm³；

ν_n——土的孔隙体积，cm³；

m'_w——土的孔隙中水的质量，g。

(4)土的水下密度(ρ')

定义：土的水下密度是指在地下水位以下，土体受水的浮力作用时，单位体积土体中土粒的质量扣除土体排开同体积水的质量，又称为浮密度或浸水密度，即土的水下密度 $= \frac{\text{干土粒质量}+\text{土的孔隙中水的质量}-\text{土的总体积}\times\text{水的密度}}{\text{土的总体积}} = $ 土的饱和密度 − 1。

$$\rho' = \frac{m_s + m'_w - V\rho_w}{V} = \rho_f - 1 \tag{1.6}$$

式中 ρ'——土的水下密度，g/cm³；

ρ_f——土的饱和密度，g/cm³；

m_s——干土粒的质量，g；

V——土的总体积，cm³；

ρ_w——水的密度，g/cm³；

m'_w——土的孔隙中水的质量，g。

在工程计算中，地下水位以下土层的密度都要采用水下密度指标。同一种土的 4 种密度之间的关系为：$\rho_f \geqslant \rho \geqslant \rho_d \geqslant \rho'$。

1.2.3 土的含水性指标

土的含水率是指土中所含水分的数量，它是土的基本物理性质指标之一。表征土中含水情况的指标有天然含水率、饱和含水率和饱和度。

1)土的天然含水率(ω)

定义：土的天然含水率是指土在 105～110 ℃下烘至恒重时所失去的水分质量和达到恒重时干土质量的比值，一般用百分数表示，即土的含水率 $= \frac{\text{土中水的质量}}{\text{干土粒质量}} \times 100\%$。

$$\omega = \frac{m_w}{m_s} \times 100\% \tag{1.7}$$

式中 ω——土的天然含水率，%；

m_s——干土粒的质量，g；

m_w——土中水的质量，g。

土的天然含水率要求直接采用原状土测定，含水率测定常用的方法有烘干法、酒精燃烧法、铁锅炒干法等。

2)土的饱和含水率(ω_g)

定义：土的饱和含水率是指土的孔隙全部被水充满，达到饱和时的含水率，也就是土的孔隙中充满水分的质量与土粒质量的比值，即土的饱和含水率 $= \frac{\text{土中水的质量}}{\text{干土粒质量}} \times 100\%$。

$$\omega_g = \frac{m'_w}{m_s} \times 100\% = \frac{\nu_n \rho_w}{m_s} \times 100\% \tag{1.8}$$

式中　ω_g——土的饱和含水率,%;

m_s——干土粒的质量,g;

m'_w——土的孔隙中水的质量,g;

ρ_w——水的密度,g/cm^3;

ν_n——土的孔隙体积,cm^3。

3)土的饱和度(S_r)

定义:土的饱和度是指孔隙中水的体积 V_w 与孔隙体积 V_v 之比,即土的饱和度 $=\dfrac{\text{孔隙中水的体积}}{\text{孔隙体积}}\times 100\%$。

$$S_r = \frac{V_w}{V_v} \times 100\% \tag{1.9}$$

式中　S_r——土的饱和度,%;

V_w——孔隙中水的体积,cm^3;

V_v——孔隙体积,cm^3。

土的饱和度是一个辅助性指标,它可以用来评价土的干湿状态。完全干燥的土,$S_r=0$;完全饱和的土,$S_r=1$。根据土的饱和度,可以把砂类土分为稍湿($S_r \leqslant 50\%$)、很湿($50\% \leqslant S_r \leqslant 80\%$)和饱和($S_r > 80\%$)3 种状态。

对于颗粒较粗的砂类土,对含水率的变化不敏感。当含水率 ω 发生变化时,它的工程性质变化不大,所以对砂类土的物理状态可采用 S_r 来反映;但颗粒较细的黏性土,对含水率的变化十分敏感,随着 ω 的增加,体积膨胀,结构也会发生改变,因此黏性土一般不用 S_r 这一指标。

1.2.4　土的孔隙性指标

土中存在的许多孔隙及其所具有的特征,称为土的孔隙性。土的渗透性、压缩性等物理特性,都与土的孔隙性有密切的关系。孔隙性的指标有孔隙率和孔隙比。

1)土的孔隙率(n)

定义:土的孔隙率是指土体中孔隙的体积占总体积的百分比,又称孔隙度,表示土中孔隙的大小情况,即土的孔隙率 $=\dfrac{\text{孔隙体积}}{\text{土的总体积}}\times 100\%$。

$$n = \frac{V_n}{V} \times 100\% \tag{1.10}$$

式中　n——土的孔隙率,%;

V——土的总体积,cm^3;

V_n——孔隙体积,cm^3。

在工程计算中,孔隙率 n 是常用指标,一般为 30% ~50%。当土的结构受外力作用而发生变化时,孔隙率也随之改变。

2）土的孔隙比（e）

定义：孔隙比是指土中孔隙的体积与土粒的体积之比，常用小数表示，即土的孔隙比 $=\dfrac{孔隙体积}{土粒体积}$。

$$e = \frac{V_n}{V_s} \tag{1.11}$$

式中 e——土的孔隙比；

V_s——土粒体积，cm^3；

V_n——孔隙体积，cm^3。

土的孔隙比直接反映土的紧密程度，孔隙比越大，土越疏松；孔隙比越小，土越密实。一般在天然状态下的土，若 $e<0.6$，可作为良好的地基；若 $e>1$，表明土中 $V_n>V_s$，是工程性质不良的土。

n 与 e 都是反映孔隙的指标，但在应用中却有所不同。凡是用于与整个土的体积有关的测试时，一般用孔隙率 n 比较合适；但若是要对比一种土的变化状态，则孔隙比 e 较为准确。由于 V_s 是不变的，可视为定值，土在荷载作用下发生变化的是 V_n，而 e 的变化值直接与 V_n 的变化成正比，所以 e 能明显地反映孔隙体积的变化。

孔隙率与孔隙比之间的相互关系如式（1.12）所示，即孔隙比 $=\dfrac{孔隙率}{1-孔隙率}$ 或孔隙率 $=\dfrac{孔隙比}{1+孔隙比}$。

$$e = \frac{n}{1-n} \text{ 或 } n = \frac{e}{1+e} \tag{1.12}$$

3）砂类土的相对密实度（D_r）

密实度是反映砂类土松紧状态的指标，常用相对密实度来表示，也称为无凝聚性土的相对密实度（图1.6）。砂类土的天然结构（即土粒排列松紧）的情况，对工程性质有极大的影响。砂类土在最松散状态下的孔隙比值为最大孔隙比 e_{max}；经振动或捣实后，砂砾间相互靠拢压密，其孔隙比值为最小孔隙比 e_{min}；在天然状态下的孔隙比为 e。

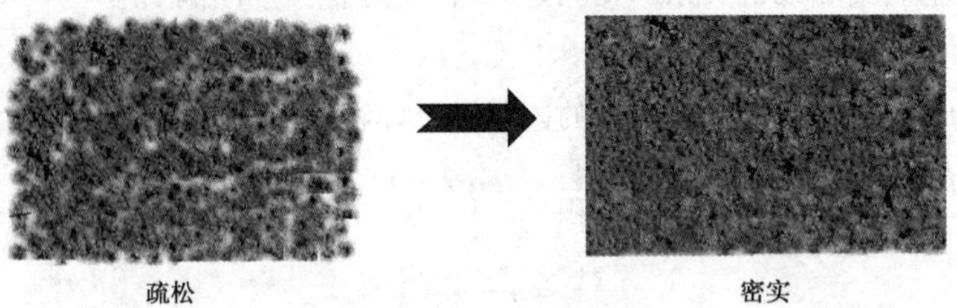

图1.6 土的密实度

定义：砂类土的相对密实度就是指最大孔隙比和天然孔隙比之差与最大孔隙比和最小孔隙比之差的比值，一般用小数或者百分数表示，即相对密实度 $=\dfrac{最大孔隙比-天然孔隙比}{最大孔隙比-最小孔隙比}$。

$$D_r = \frac{e_{max} - e}{e_{max} - e_{min}} \tag{1.13}$$

式中　D_r——砂类土的相对密实度；

e——天然孔隙比；

e_{max}——最大孔隙比；

e_{min}——最小孔隙比。

当 $D_r=0$ 时，$e_{max}=e$，表示砂类土处于最疏松状态；当 $D_r=1$ 时，$e_{min}=e$，表示砂类土处于最紧密状态。

1.2.5　黏性土的物理状态指标

对于黏性土，因黏土矿物含量高，颗粒细小，其物理状态与含水率关系非常密切。当含水率很大时，土是一种黏滞流动的液体，称为流塑状态；随着含水率逐渐减少，黏滞流动的特点渐渐消失而显示出可塑性（可塑性是指可以塑造成任何形状而不发生裂缝，并在外力解除后能保持已有的形状而不恢复原来状态的性质），称为可塑状态；但含水率继续减少时，则发现土的可塑性逐渐消失，从可塑状态变为半固体状态；如果同时测定含水率减少过程中的体积变化，则可发现土的体积随着含水率的减少而减小，但当含水率很小时，土的体积却不随含水率的减少而减小，这种状态称为固体状态。同一黏性土，随着含水率的改变，将经历不同的物理状态。

1）界限含水率

定义：界限含水率是指黏性土由一种状态转到另一种状态的分界含水率。它对黏性土的分类和工程性质的评价有重要意义。

流动状态与可塑状态间的分界含水率称为液限（ω_L），可塑状态与半固体状态间的分界含水率称为塑限（ω_p），半固体状态与固体状态之间的分界含水率称为缩限（ω_s），如图 1.7 所示。

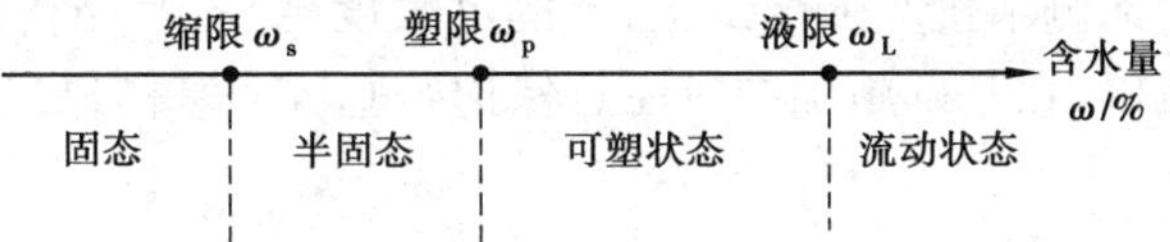

图 1.7　黏性土的物理状态与含水率的关系

①液限：流动状态与可塑状态间的分界含水率，用 ω_L 表示，通常用光电式液塑限联合测定仪来量测。

②塑限：可塑状态与半固体状态间的分界含水率，用 ω_p 表示，通常用光电式液塑限联合测定仪来量测。

③缩限：土由半固体状态不断蒸发水分，体积逐渐缩小，直到体积不再缩小时土转入固态，此时对应的界限含水率是缩限，用 ω_s 表示，测定方法为收缩皿法。

2）塑性指数与液性指数

①塑性指数：液限与塑限之差，即处在可塑状态的含水率变化范围，用 I_P 表示，即塑性指数 = 液限 − 塑限。

$$I_P = \omega_L - \omega_p \tag{1.14}$$

在土样中,I_P 主要取决于黏性土中黏粒的含量。黏粒含量越高,土的表面积越大,可能结合的水的含量就越大,塑性指数也就越大。亲水性大的矿物含量也增加,塑性指数也就相应增大。因此,可用塑性指数的大小来划分土类。

②液性指数:黏性土的天然含水率和塑限的差值与塑性指数之比,通常用 I_L 表示,即液性指数 $=\dfrac{\text{天然含水率}-\text{塑限}}{\text{塑性指数}}$。

$$I_L = \frac{\omega - \omega_P}{I_P} \tag{1.15}$$

根据液性指数,可将黏性土划分为 3 种状态,如表 1.1 所示。

表 1.1 黏性土划分

状　态	坚　硬	硬　塑	软　塑	流　塑
液性指数	$I_L \leqslant 0$	$0 < I_L \leqslant 0.5$	$0.5 < I_L \leqslant 1$	$I_L > 1$

3)土的灵敏度和触变性

天然状态下的黏性土都具有一定的结构性,即天然土的结构受到扰动影响而改变的特性。当受到外来因素的扰动时,土粒间的胶结物质以及土粒、离子、水分子所组成的平衡体系受到破坏,土体强度降低,压缩性增大。土的结构对强度的影响,一般用灵敏度来衡量。

(1)土的灵敏度 S_t

灵敏度是指原状土的强度与该土经重塑(土的结构性彻底破坏)后的强度之比,用 S_t 表示,即:

$$S_t = \frac{\text{原状土样的无侧限抗压强度}}{\text{重塑土样的无侧限抗压强度}} \tag{1.16}$$

强度测定通常采用无侧限抗压强度试验,土的灵敏度越高,其结构性越强,受扰动后土体的强度降低就越多。所以,在基础施工中应注意保护好基坑或基槽,尽量减少对坑底土结构的扰动。

(2)土的触变性

饱和黏性土的结构受到扰动,导致强度降低,但当扰动停止后,土的强度又随着时间而逐渐增大,这是由于土粒、水分子和化学离子体系随时间而逐渐趋于新的平衡状态。黏性土的这种抗剪强度随时间恢复的胶体化学性质称为土的触变性。例如,在打桩时,桩侧土的结构受到破坏而强度降低,但在停止打桩后,土的强度逐渐恢复,桩的承载力增加。

思考与练习

1. 土的物理性质指标有哪些?它们的定义是什么?

2. 某土样体积为 80 cm^3,经测定土粒的相对密度为 2.72,土样的质量为 154 g,烘干质量为 140 g,则该土样的天然密度、干密度、饱和含水率、孔隙比各是多少?

3. 工程中,如何运用土的基本物理性质指标,请一一列举。

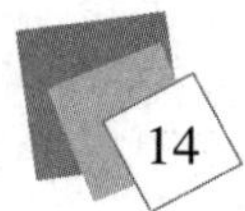

1.3　土的分类

自然界的土种类繁多,工程性质各异。土的分类就是依据它们的工程性质和力学性能将其划分为一定的类别,对土进行分类的目的是便于认识和评价土的工程特性。对土而言,不同行业分类方法和依据不同。

1)按规范规定分

按我国现行《建筑地基基础设计规范》(GB 50007—2011),把地基岩土分为岩石、碎石土、砂土、粉土、黏性土、淤泥、淤泥质土、膨胀土、红黏土和人工填土等。

2)按土粒间有无黏性分

根据土粒之间有无黏结性,大致可将土分为砂类土(砾石和砂)和黏质土两大类。

3)按土的成因年代分

按土的成因年代,可划分为老沉积土、新近沉积土和一般沉积土。

4)按土的地质成因分

按土的地质成因,可划分为残积土、坡积土、洪积土、冲积土、海积土及湖沼积土等。

5)按土颗粒级配和塑性指数分

按土颗粒级配(不同粒径的土粒搭配比例)和塑性指数,可划分为碎石土、砂土、粉土和黏性土。

(1)碎石土

碎石土是典型的粗粒土,如果土中粒径大于 2 mm 的含量大于土体总质量的 50%,该土就属于碎石土。按粒径和颗粒形状细分如表 1.2 所示。

表 1.2　碎石土的分类

土　名	颗粒形状	颗粒级配
漂石	圆形及亚圆形为主	粒径大于 200 mm 的颗粒质量超过总质量的 50%
块石	棱角形为主	
卵石	圆形及亚圆形为主	粒径大于 20 mm 的颗粒质量超过总质量的 50%
碎石	棱角形为主	
圆砾	圆形及亚圆形为主	粒径大于 2 mm 的颗粒质量超过总质量的 50%
角砾	棱角形为主	

注:定名时,应根据颗粒级配由大到小以最先符合者确定。

(2)砂土

砂土即细中粒土,无塑性,由细小岩石及矿物碎片组成,砂砾直径变化在 0.75 ~ 2 mm,大于 0.75 mm 的土粒含量超过 50%。按颗粒级配,细分为砂砾、粗砂、中砂、细砂和粉砂 5 类,如

表 1.3 所示。

表 1.3　砂土的分类

土　名	颗粒级配
砂砾	粒径大于 2 mm 的颗粒含量占总质量的 25% ~50%
粗砂	粒径大于 0.5 mm 的颗粒含量超过总质量的 50%
中砂	粒径大于 0.25 mm 的颗粒含量超过总质量的 50%
细砂	粒径大于 0.075 mm 的颗粒含量超过总质量的 85%
粉砂	粒径大于 0.075 mm 的颗粒含量超过总质量的 50%

注:定名时,应根据颗粒级配由大到小以最先符合者确定。

(3)粉土

粉土是细粒土,粒径变化在 0.002 ~0.075 mm,且土粒大于 0.075 mm 的含量不得超过总质量的 50%,塑性指数 $I_P \leqslant 10$。总之,粉土性质介于砂土和黏土之间,具体划分如表 1.4 所示。

表 1.4　粉土的分类

土　名	颗粒级配	塑性指数 I_P
黏质粉土	粒径小于 0.005 mm 的颗粒质量超过总质量的 10%,小于或等于总质量的 15%	$I_P \leqslant 10$
砂质粉土	粒径小于 0.005 mm 的颗粒质量不超过总质量的 10%	—

注:以颗粒级配为主,塑性指数作参考。

(4)黏性土

黏性土是典型的细粒土,粒径小于 0.02 mm,形状不规整。根据塑性指数,黏性粉土可划分为粉质黏土和黏土,如表 1.5 所示。

表 1.5　黏性土的分类

土　名	塑性指数 I_P
黏土	$I_P > 17$
粉质黏土	$10 < I_P \leqslant 17$

注:塑性指数应由相应于 76 g 圆锥仪沉入土中深度为 10 mm 时,测定的液限计算而得。

6)按工程意义分

对工程意义上具有特殊成分、状态和结构特征且在一定区域分布的土应定名为特殊性土。特殊性土分为淤泥及淤泥质土、有机质土、填土、红黏土、膨胀土、污染土、残积土及混合土。

7)按土开挖的难易程度分

根据土开挖的难易程度,将土分为松软土、普通土、坚土、砂砾坚土、软石、次坚石、坚石、特坚硬石 8 类。其中前 4 类属于一般土,后 4 类属于岩石,具体分类如表 1.6 所示。

表 1.6 土的工程分类方法及现场鉴别方法

土的分类	土 名	可松性系数		现场鉴别方法
		K_s	K'_s	
一类土(松软土)	砂、粉土、种植土、泥炭等	1.08 ~ 1.17	1.01 ~ 1.03	能用锹、锄头挖掘
二类土(普通土)	粉质黏土、潮湿的黄土、填筑土	1.14 ~ 1.28	1.02 ~ 1.05	用锹、锄头挖掘,少数用镐翻松
三类土(坚土)	粗砾石、压实的填筑土等	1.24 ~ 1.30	1.04 ~ 1.07	用镐,少数用锹和锄头,部分用撬棍
四类土(砂砾坚土)	密实黄土、天然级配砂石等	1.26 ~ 1.32	1.06 ~ 1.09	用镐、撬棍,部分用楔子及大锤
五类土(软石)	硬质黏土、软的石灰石等	1.30 ~ 1.45	1.10 ~ 1.20	用镐、撬棍、大锤,部分用爆破
六类土(次坚石)	砂岩、砾岩、风化花岗岩等	1.30 ~ 1.45	1.10 ~ 1.20	爆破,部分用风镐
七类土(坚石)	大理岩、微风化的玄武岩等	1.30 ~ 1.45	1.10 ~ 1.20	爆破
八类土(特坚硬石)	玄武岩、石英岩、安山岩等	1.45 ~ 1.50	1.20 ~ 1.30	爆破

思考与练习

1. 土可以分为哪些类型？它们是按什么依据来分类的？
2. 土的分类对于工程而言有何意义？

1.4 室内土工试验介绍

1.4.1 土的密度试验(灌砂法)

1)目的和使用范围

本试验方法适用于现场测定细粒土、砂类土和砾类上的密度,试样的最大直径一般不得超过 15 mm,测定密度层的厚度为 150 ~ 200 mm。灌砂法是利用均匀颗粒的砂,由一定高度下落到一规定容积的筒或洞内,按其单位重不变的原理来测量试洞的容积(图 1.8)。

2)试验准备

进行试验前,首先要标定筒下部圆锥体内的砂的质量以及量砂的单位质量。量砂为粒径 0.25 ~ 0.5 mm 清洁干燥的均匀砂。

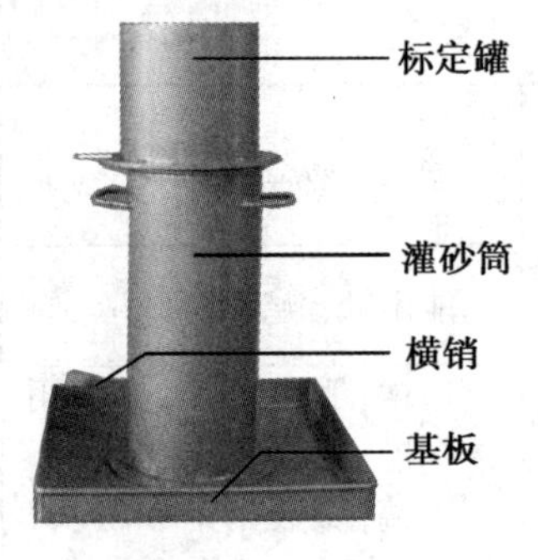

图 1.8　灌砂筒

(1)标定筒下部圆锥体内砂的质量的步骤

①在灌砂筒筒口高度上,向灌砂筒内装砂至距筒顶 15 mm 左右为止。称取装入筒内砂的质量 m_1,精确至1 g,以后每次标定及试验都应该维持装砂高度和质量不变。

②将开关打开,让砂自由流出,并使流出砂的体积与工地所挖试坑内的体积相当(可等于标定罐的容积),然后关上开关,称砂筒内余砂质量 m_s,精确至 1 g。

③不晃动储砂筒的砂,轻轻地将灌砂筒移至玻璃板上,将开关打开让砂流出,直到筒内砂不再下流时,将开关关上,并细心地取走灌砂。

④收集并称量留在板上的砂或称量筒中的砂,精确至 1 g,玻璃板上的砂就是填满锥体的砂,其质量为 m_2。

重复上述过程测量 3 次,取平均值。

(2)标定量砂的单位质量的步骤

①用水确定标定罐的容积 V,精确至 1 mL。

②在储砂筒中装入质量为 m_1 的砂,并将灌砂筒放在标定罐上,将开关打开,让砂流出。在整个过程中,不要碰动灌砂筒,直到砂不再下流时,将开关关闭。取下灌砂筒,称取筒内剩余砂的质量 m_3,精确至 1 g。

③按下式计算填满标定罐所需砂的质量 m_a。

$$m_a = m_1 - m_2 - m_3 \tag{1.17}$$

式中　m_a——标定罐中砂的质量,g;

m_1——装入灌砂筒内的砂的总质量,g;

m_2——灌砂筒下圆锥体内砂的质量,g;

m_3——灌砂入标定罐后,筒内剩余砂的质量,g。

④重复上述测量 3 次,取其平均值。

⑤按下式计算砂的单位质量。

$$\gamma_a = \frac{m_a}{V} \tag{1.18}$$

式中　γ_a——量砂的单位质量,g/m;

V——标定罐的体积,cm^3。

3)试验方法要点

测试步骤如下:

①准备试验仪器。

②标定筒下部圆锥体内砂的质量。

③标定量砂的单位质量。

④选一块平坦表面,并清扫干净,面积不小于基板的面积。

⑤将基板放在平坦的表面上,当表面的粗糙度较大时,要考虑粗糙表面砂的质量。

⑥沿基板孔凿洞,并将洞内所有材料取出称重。

⑦灌砂，打开灌砂筒的开关，让砂流入试坑内。砂不流时，关闭开关，并称取灌砂筒内剩余砂的质量（图 1.9）。

⑧计算试坑内砂的质量。

⑨测定试样的含水率。

⑩计算试坑内材料的湿密度、干密度。

图 1.9　现场灌砂

4）试验说明和注意事项

①灌砂法是当前通用的方法，在很多国家的土工试验法和稳定土材料试验法中，都将灌砂法列为现场测定密度的主要方法，可用于测量各种土和路面材料的密度。

②标定罐的深度对砂的密度有影响，标定罐的深度减 2.5 cm，砂的密度约降低 1%。因此，标定罐的深度应与试洞的深度一致。

③储筒中砂面的高度对砂的密度有影响，储砂筒中砂面的高度降低 5 cm，砂的密度约降低 1%。因此，现场测量时，储砂筒中的砂面高度应与标定砂的密度时储砂筒中的砂面高度一致。

④砂的颗粒组成对试验的重现性有影响，使用的砂应清洁干燥，否则，砂的密度会有明显变化。

⑤地表面处理要平整，表面粗糙时，一般宜放上基板，先测定粗糙表面消耗的量砂。

⑥在挖坑时，试坑周壁应笔直，避免出现上大下小或上小下大的情形。仔细收集洞中挖出的全部土或材料，勿使丢失，并采取措施保护其含水率不受损失。及时称取（可以分批称）洞中挖出的全部土或材料的质量，并取部分有代表性的样品做含水率试验用。剩下的重要一步是量测试洞的容积，或确定所挖出的全部土或材料的体积。

⑦灌砂时，检测厚度应为整个碾压厚度。

1.4.2　土的最大干密度（击实试验）（JTG E40—2007）

击实试验是用锤击使土密度增加，以了解土的压实性的方法。细粒土在一定击实效应下，如果含水率不同，所达到的密度也不同。能使土达到最大密度的含水率称为最佳含水率，相应的干密度称为最大干密度。

(1)目的和适用范围

按标准击实方法测定的最佳含水率和最大干密度,可用来评价土的压实性质,为填土工程确定设计干密度和填筑含水率提供依据。

本试验方法适用于细粒土。

本试验分轻型击实和重型击实。轻型击实试验适用于粒径不大于 20 mm 的土。重型击实试验适用于粒径不大于 40 mm 的土。

(2)仪器设备

①标准击仪(图 1.10、图 1.11)。击实试验方法和相应设备的主要参数应符合相关规定。

②烘箱及干燥器。

③天平:感量 0.01 g。

④台秤:称量 10 kg,感量 5 g。

⑤圆孔筛:孔径 5 mm、20 mm、40 mm 各 1 个。

⑥拌和工具:400 mm × 600 mm、深 70 mm 的金属盘,土铲。

⑦其他:喷水设备、推土器、修土刀以及含水率试验设备等。

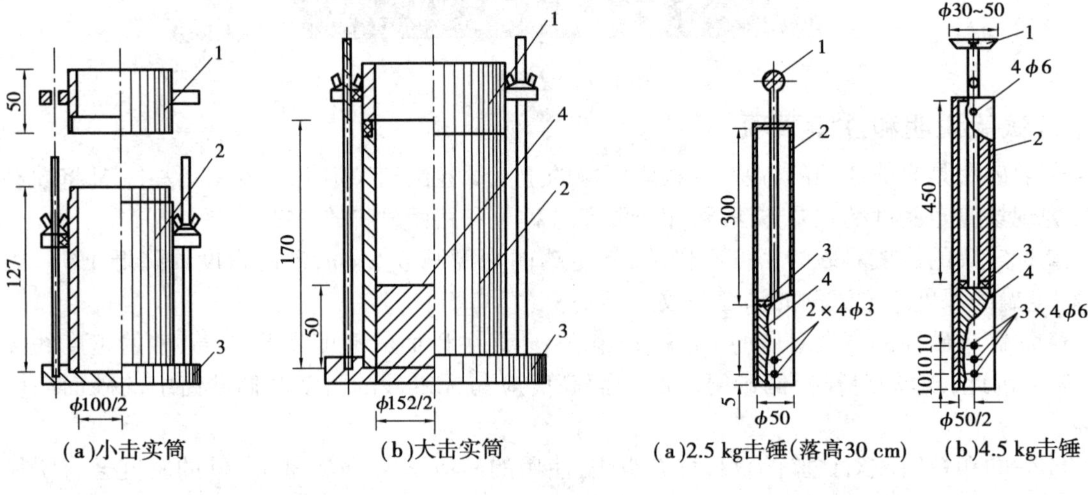

图 1.10 击实筒

1—套筒;2—击实筒;3—底板;4—垫板

图 1.11 击锤和导杆

1—提手;2—导筒;3—硬橡皮垫;4—击锤

(3)操作步骤

①取风干土 15 ~ 20 kg,碾散并过 5 mm 筛,测求含水率。

②根据土的塑限预估最佳含水率,加水湿润制备不少于 5 个不同含水率的试样,含水率依次相差约 2%,且其中两个含水率大于塑限,两个含水率小于塑限,一个含水率接近塑限。

可按下式计算制备试样含水率所需加水量。

$$m_w = \frac{m_0}{1 + 0.01\omega_0} \times 0.01(\omega - \omega_0) \tag{1.19}$$

式中 m_w——所需的加水量,g;

m_0——风干土含水率为 ω_0 时土样的质量,g;

ω_0——风干土含水率,%;

ω——要求达到的含水率,%。

③按要求的含水率制备试样,喷洒所需的加水量,充分搅和并静置浸润 24 h。将击实筒固定在底座上,装好护筒,并在击实筒内壁涂一薄层润滑油,将搅和的试样装入击实筒内,分 3 层,每层 25 击。击实时,击锤应自由落下,锤迹必须均匀分布于土面。以同样方法进行第二、第三层击实。击实后,超出击实筒的余土高度应小于 6 mm。

④卸下护筒,用修土刀将试样削至与击实筒齐平,拆除底板,并削平底面,擦净筒外壁,称筒与试样的总质量,精确至 1 g,并计算试样的湿密度。

⑤用推土器推出击实筒内试样,并取两个代表性的 15 ~ 30 g 土样测定含水率,两个含水率的差值应不大于 1%。

⑥按上述步骤进行其他不同含水率试样的击实试验。

(4)结果整理

①按下式计算击实后各试样的干密度。

$$\rho_d = \frac{\rho}{1 + 0.01\omega} \tag{1.20}$$

式中　ρ_d——干密度,精确至 0.01,g/cm³;

ρ——密度,g/cm³;

ω——某点试样的含水率,%。

②以干密度为纵坐标、含水率为横坐标,绘制干密度与含水率关系曲线——击实曲线,如图 1.12 所示。曲线上峰值点的纵、横坐标分别表示土的最大干密度和最佳含水率,如连不成完整的曲线时,应进行补点试验。

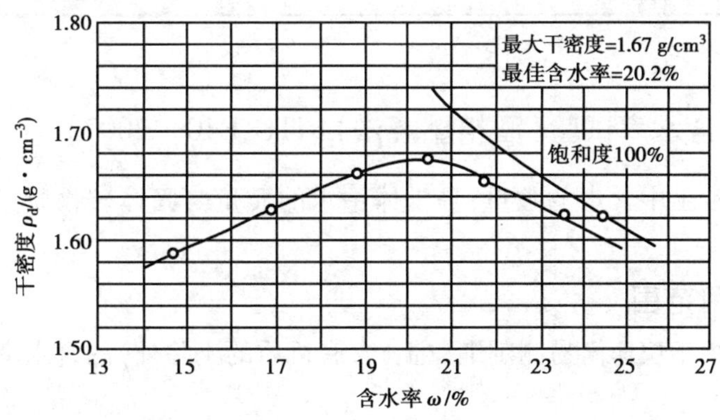

图 1.12　干密度与含水率关系曲线

③按下式计算饱和含水率。

$$\omega_{sat} = \left(\frac{1}{\rho_d} - \frac{1}{d_s}\right) \times 100\% \tag{1.21}$$

式中　ω_{sat}——饱和含水率,%;

d_s——土粒比重(相对密度)。

④计算数个干密度下的饱和含水率,在击实曲线的同一坐标图上绘制饱和曲线。

⑤本试验记录表格如表 1.7 所示。

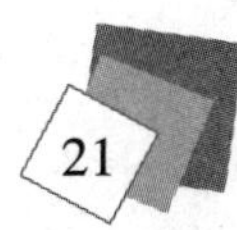

表 1.7　击实试验记录

工程名称＿＿＿＿＿＿＿＿　　　　　　　　　　　　　　试验者＿＿＿＿＿＿＿＿
试验方法＿＿＿＿＿＿＿＿　　　　　　　　　　　　　　计算者＿＿＿＿＿＿＿＿
试验日期＿＿＿＿＿＿＿＿　　　　　　　　　　　　　　校核者＿＿＿＿＿＿＿＿

<table>
<tr><td colspan="2">筒容积/cm³</td><td></td><td colspan="2">击锤质量/kg</td><td colspan="2"></td><td colspan="2">每层击数</td><td colspan="2"></td><td colspan="2">落距/cm</td><td colspan="2"></td></tr>
<tr><td rowspan="5">干密度</td><td>试验次数</td><td></td><td colspan="2"></td><td colspan="2"></td><td colspan="2"></td><td colspan="2"></td><td colspan="2"></td><td colspan="2"></td></tr>
<tr><td>筒＋土质量</td><td>g</td><td colspan="2"></td><td colspan="2"></td><td colspan="2"></td><td colspan="2"></td><td colspan="2"></td><td colspan="2"></td></tr>
<tr><td>湿土质量</td><td>g</td><td colspan="2"></td><td colspan="2"></td><td colspan="2"></td><td colspan="2"></td><td colspan="2"></td><td colspan="2"></td></tr>
<tr><td>湿密度</td><td>(g · cm⁻³)</td><td colspan="2"></td><td colspan="2"></td><td colspan="2"></td><td colspan="2"></td><td colspan="2"></td><td colspan="2"></td></tr>
<tr><td>干密度</td><td>(g · cm⁻³)</td><td colspan="2"></td><td colspan="2"></td><td colspan="2"></td><td colspan="2"></td><td colspan="2"></td><td colspan="2"></td></tr>
<tr><td rowspan="8">含水率</td><td>盘　号</td><td></td><td></td><td></td><td></td><td></td><td></td><td></td><td></td><td></td><td></td><td></td><td></td><td></td></tr>
<tr><td>盘＋湿土质量</td><td>g</td><td></td><td></td><td></td><td></td><td></td><td></td><td></td><td></td><td></td><td></td><td></td><td></td></tr>
<tr><td>盘＋干土质量</td><td>g</td><td></td><td></td><td></td><td></td><td></td><td></td><td></td><td></td><td></td><td></td><td></td><td></td></tr>
<tr><td>盘质量</td><td>g</td><td></td><td></td><td></td><td></td><td></td><td></td><td></td><td></td><td></td><td></td><td></td><td></td></tr>
<tr><td>水质量</td><td>g</td><td></td><td></td><td></td><td></td><td></td><td></td><td></td><td></td><td></td><td></td><td></td><td></td></tr>
<tr><td>干土质量</td><td>g</td><td></td><td></td><td></td><td></td><td></td><td></td><td></td><td></td><td></td><td></td><td></td><td></td></tr>
<tr><td>含水率</td><td>%</td><td></td><td></td><td></td><td></td><td></td><td></td><td></td><td></td><td></td><td></td><td></td><td></td></tr>
<tr><td>平均含水率</td><td>%</td><td colspan="2"></td><td colspan="2"></td><td colspan="2"></td><td colspan="2"></td><td colspan="2"></td><td colspan="2"></td></tr>
<tr><td colspan="7">最佳含水率＝</td><td colspan="8">最大干密度＝</td></tr>
</table>

1.4.3　土的含水率试验(酒精燃烧法)(JTG E40—2007)

土的含水率表示土中含水的数量,是土体中水的质量与固体矿物质量的比值,用百分数表示。

1)目的和适用范围

本试验方法适用于快速简易测定细粒土(含有机质的土除外)的含水率。

2)仪器设备

①称量盒(定期调整为恒质量)。

②天平:感量 0.01 g。

③酒精:纯度 95% 以上。

④滴管、火柴、调土刀等。

3)操作步骤

①称量装土样的称量盒的质量 m_0。

②取代表性试样(黏质土 5 ~ 10 g,砂类土 20 ~ 30 g),放入称量盒内,称盒加湿土质量 m_1,

精确至 0.01 g。

③用滴管将酒精注入放有试样的称量盒中，直至盒中出现自由液面为止。为使酒精在试样中充分混合均匀，可将盒底在桌面上轻轻敲击。

④点燃盒中酒精，燃至火焰熄灭。

⑤将试样冷却数分钟，按步骤③、④方法再重新燃烧两次。

⑥待第 3 次火焰熄灭后，盖好盒盖，冷却至室温后称盒加干土质量 m_2，精确至 0.01 g。

4）结果整理

①按下式计算含水率。

$$\omega = \frac{m_1 - m_2}{m_2 - m_0} \times 100\% \tag{1.22}$$

式中 ω——含水率，计算至 0.1，%；

m_1——称量盒 + 湿土质量，g；

m_2——称量盒 + 干土质量，g；

m_0——称量盒质量，g。

②本试验记录如表 1.8 所示。

表 1.8 含水率试验记录（酒精燃烧法）

工程名称＿＿＿＿＿＿ 试验者＿＿＿＿＿＿

试验方法＿＿＿＿＿＿ 计算者＿＿＿＿＿＿

试验日期＿＿＿＿＿＿ 校核者＿＿＿＿＿＿

盒 号		序 号	1	2	3	4
盒质量	g	(1)				
盒 + 湿土质量	g	(2)				
盒 + 干土质量	g	(3)				
水分质量	g	(4) = (2) − (3)				
干土质量	g	(5) = (3) − (1)				
含水率	%	(6) = (4)/(5)				
平均含水率	%	(7)				

③本试验须进行二次平行测定，取其算术平均值，允许平行差值应符合表 1.9 规定。

表 1.9 允许平行差值

含水率	允许平行差值/%	含水率	允许平行差值/%
5% 以下	0.3	40% 以上	≤2
40% 以下	≤1	对层状和网状构造的冻土	<3

思考与练习

熟悉土工试验的试验步骤。

第2章　土方工程施工

2.1　土方工程施工的基本概念

土方工程施工是一个施工过程，包括土的开挖、运输、填筑、平整与压实，以及场地清理、测量放线、施工降排水、边坡支护等辅助工作（图2.1—图2.4）。

图2.1　土方开挖和运输

图2.2　土方回填压实

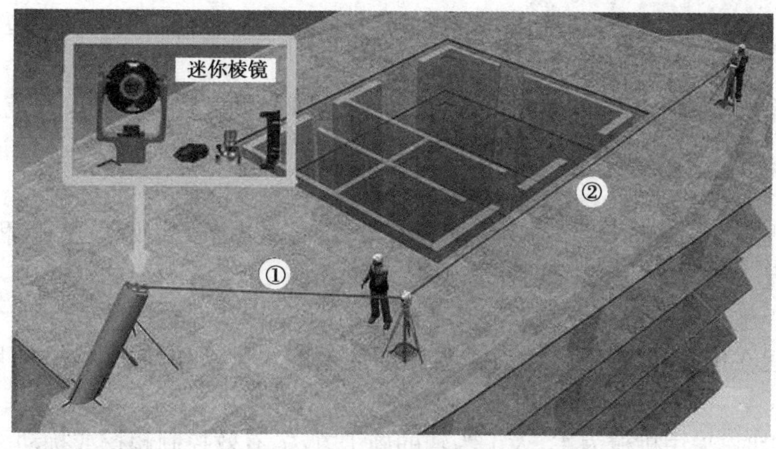

图 2.3　测量放线

图 2.4　土方工程施工降排水

(1)土方工程施工的特点

①工程量大,施工工期长,投资大,劳动强度大,影响面积广。

②施工条件复杂,受气候、水文、地质的影响大。

(2)土方工程的分类

①场地平整: ±300 mm 以内的挖填、找平工作称为场地平整。

②挖基坑:挖土底面积在 20 m^2 以内的挖土称为挖基坑。

③挖基槽;挖土宽度在 3m 以内,挖土长度大于或等于宽度的 3 倍以上的称为挖基槽。

④挖土方:挖土厚度在 300 mm 以上,宽度在 3 m 以上,挖土底面积在 20 m^2 以上的称为挖土方。

⑤土方回填:常见的有基础回填、室内回填、管道沟槽回填。

(3)土方工程施工的一般规定

①土方工程施工前,必须具备完备的地质勘察资料及业主提供的工程所在区域管线、建筑

物、构筑物和其他公共设施的构造情况资料，并依据前述资料对施工现场及周边进行勘察和调查，并对土方工程施工有影响的部位作出标识。

②土方工程施工应依据施工组织设计、设计图纸、现场调查资料及相关规范编制专项施工方案。方案通过施工单位、监理单位审批后方能实施，深基坑开挖方案必须通过专家论证评审。

③土方工程施工前应进行挖、填方的平衡计算，综合考虑土方运距最短、运程合理，确定挖方土方堆弃位置、运输路线及填方土方取土点、运输路线。

④土方工程施工应经常测量和校核其平面位置、水平标高和边坡坡度。

⑤土方工程在挖方时，应做好地面排水和降低地下水位工作，常用方式有明沟集水井排水、井点降水。

⑥挖方施工时，采用机械为主、人工为辅的施工方法，有效控制超挖或扰动原地质。

⑦填方工程施工前，应进行清除基底有机物、树根等杂物，抽除坑穴积水、淤泥等清底工作，并对填方土料按设计要求进行验收。

⑧填方工程施工时，应分层回填。

⑨挖方工程施工完后，应进行地基承载力试验。填方工程应分层进行压实试验，试验结果应符合设计及规范要求。

⑩基坑验槽时，应由施工单位、监理单位、设计单位、地质勘察单位、建设单位共同确认。

思考与练习

1. 什么是土方工程？
2. 土方工程施工有何特点？
3. 土方工程施工应遵循哪些规定？

2.2 场地平整土方量计算

场地平整是将天然地面改造成设计要求的标高平面所进行的土方施工过程(图2.5)。在场地平整过程中，应遵循以下规定：

①场地平整应保证人和施工机具安全。

②场地内有洼坑或暗沟时，应在平整时填埋压实。可保留的，必须设置行人和车辆能明显看到的警示标志。

③平整后的场地应对普通施工机具的正常作业有安全保障，有特殊安全要求时，场地平整应符合其要求。

④有爆破施工的场地必须保证人员的安全撤离，同时必须设置庇护场所。

图 2.5　场地平整

1)场地平整的顺序和要求

(1)场地平整顺序

现场勘察→清除地面障碍物→标定整平范围→设置水准基点→设置方格网→测量标高→计算土方挖填工程量→平整土方→场地碾压→验收。

(2)平整场地的一般要求

①排水:一般应向排水沟方向做成不小于 0.2% 的坡度。

②场地表面逐点质量检查:检查点为每 100 ~ 400 m^2 取 1 点,但不少于 10 点;长度、宽度和边坡均为每 20 m 取 1 点,每边不少于 1 点。

③校核平面位置、水平标高和边坡坡度是否符合设计要求。

2)场地平整土方工程量计算

方格网法:将场地划分为边长 10 ~ 40 m 的正方形方格网,通常以 20 m 居多。再将场地设计标高和自然地面标高分别标注在方格角上,场地设计标高与自然地面标高的差值即为各角点的施工高度(挖或填),习惯以" + "号表示填方," - "号表示挖方。将施工高度标注于角点上,然后分别计算每一方格的填挖土方量,并算出场地边坡的土方量。将挖方区(或填方区)所有方格计算的土方量和边坡土方量汇总,即得场地挖方量和填方量的总土方量。方格网法土方计算适用于地形变化比较平缓的地形情况,计算步骤如图 2.6 所示。

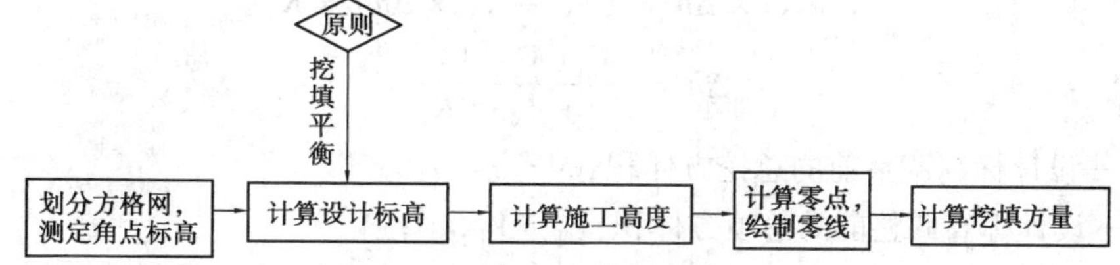

图 2.6　方格网法计算土方量流程图

(1)划分方格网,测定角点标高

将施工区域划分为边长 10 ~ 40 m 的正方形方格网,通过测量确定每个方格网角点的标高,并将其标注在对应角点上。

（2）计算设计标高

计算设计标高主要考虑以下因素：满足工艺和运输的要求；尽量利用地形，减少挖填方量；场地内挖、填方平衡，土方运输总费用最少；有一定的泄水坡度（≥0.002），满足排水要求，并考虑最大洪水水位的影响。

①场地初步设计标高按下式计算。

$$H_0 = \frac{\sum_{i=1}^{N}(H_{i1} + H_{i2} + H_{i3} + H_{i4})}{4N} \tag{2.1}$$

式中 H_0——场地初步设计标高；

N——方格数；

H_{i1}、H_{i2}、H_{i3}、H_{i4}——1、2、3、4 个方格共用的角点标高。

②调整场地设计标高（图 2.7）。根据土的性质，考虑土的可松性、采取场内和场外挖填土、泄水坡度 3 个因素对设计标高的影响。

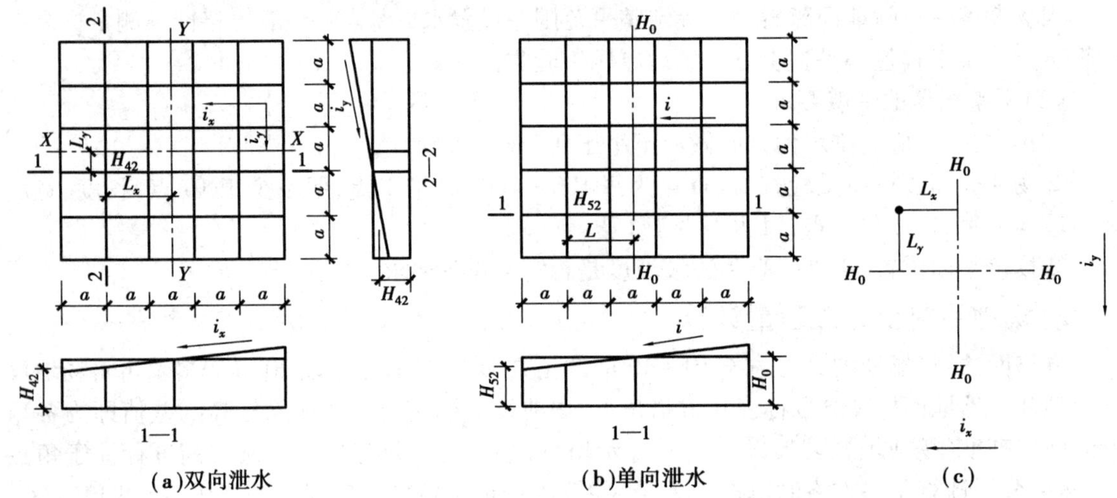

图 2.7　调整场地设计标高

a. 土的可松性影响：

$$V_T + A_T \times \Delta h = (V_W - A_W \times \Delta h) \times K'_s \tag{2.2}$$

$$\Delta h = \frac{V_W(K'_s - 1)}{A_T + A_W \times K'_s} \tag{2.3}$$

式中 V_W——设计标高调整前的总挖方体积，m^3；

V_T——设计标高调整前的总填方体积，$V_W = V_T$，m^3；

A_W——设计标高调整前的挖方区总面积，m^2；

A_T——设计标高调整前的填方区总面积，m^2；

K'_s——土的最终可松性系数。

调整后，每个角点的设计标高均应增加 Δh(m)。

b. 场内和场外挖填土：填土量大，场地设计标高提高；挖土量大，场地设计标高降低。

c. 泄水坡度对场地设计标高的影响：

$$H' = H_0 \pm L_x \times i_x \pm L_y \times i_y \tag{2.4}$$

式中 H'——场地内任一角点的设计标高,m;

L_x, L_y——计算点沿 x、y 方向距场地中心点的距离,m;

i_x, i_y——场地在 x、y 方向的泄水坡度;

±——由场地中心点沿 x、y 方向指向计算点时,若其方向与 i_x、i_y 反向则取"+"号,同向则取"-"号。

(3)计算施工高度

计算场地各方格角点的施工高度,如图2.8所示。以"+"为填,"-"为挖。

$$h_i = 设计标高 - 地面标高 = H_i - H'_i \tag{2.5}$$

(4)计算零点,绘制零线

"零点"是方格边界上施工高度为0的点,"零线"是"零点"所连成的线(图2.9)。图中 x 按式(2.6)计算。

$$x = \frac{a \times h_1}{h_1 + h_2} \tag{2.6}$$

编号	施工高度 (h_i)
地面标高 (H'_i)	设计标高 (H_i)

图2.8 计算场地各方格角点的施工高度

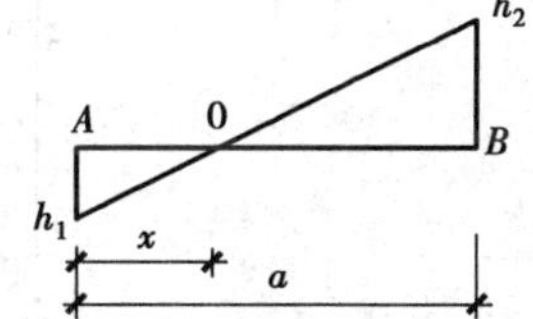

图2.9 计算零点,绘制零线

(5)计算挖填土方量

①方格4个角点全部为挖(填)方时,挖填土方量按下式计算(图2.10)。

$$V = \frac{a^2}{4} \times (h_1 + h_2 + h_3 + h_4) \tag{2.7}$$

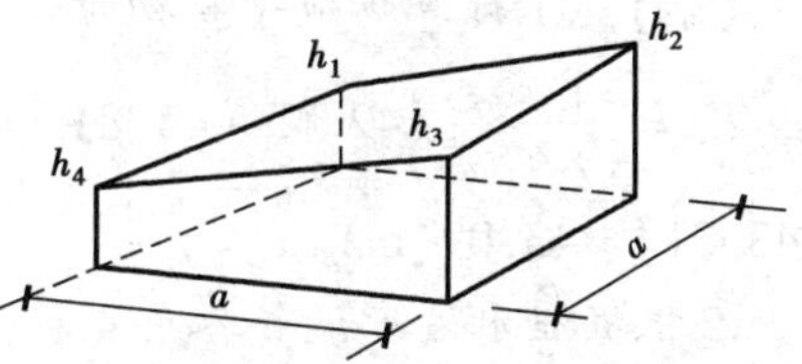

图2.10 全部挖(填)土方量计算示意图

②两挖两填时,挖填土方量按下式计算(图2.11)。

$$V_{1,2} = \frac{a^2}{4} \times \left(\frac{h_1^2}{h_1 + h_4} + \frac{h_2^2}{h_2 + h_3}\right) \tag{2.8}$$

$$V_{3,4} = \frac{a^2}{4} \times \left(\frac{h_3^2}{h_2 + h_3} + \frac{h_4^2}{h_1 + h_4}\right) \tag{2.9}$$

③三挖一填时,挖填土方量按下式计算(图2.12)。

$$V_4 = \frac{a^2}{6} \times \frac{h_4^3}{(h_1 + h_4)(h_3 + h_4)} \tag{2.10}$$

$$V_{1,2,3} = \frac{a^2}{6} \times (2h_1 + h_2 + 2h_3 - h_4) + V_4 \tag{2.11}$$

【例题2.1】 某场地方格中各角点编号与天然地面标高如图2.13所示,方格边长为20 m×20 m,$i_x = i_y = 0.3\%$。试计算方格网各角点的设计标高、施工高度,画出施工零线,计算土方量。

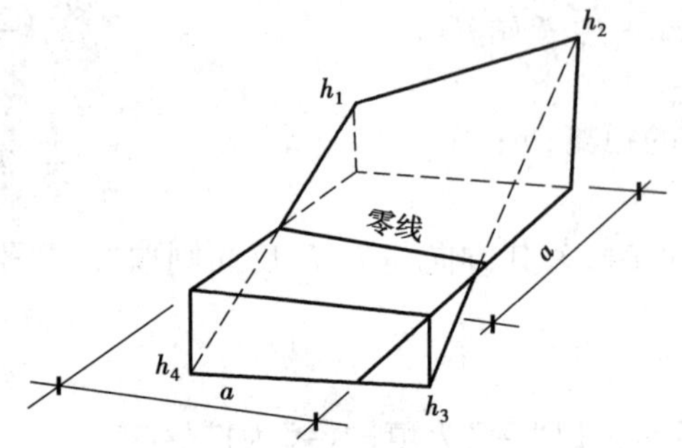

图 2.11　两挖两填土方量计算示意图

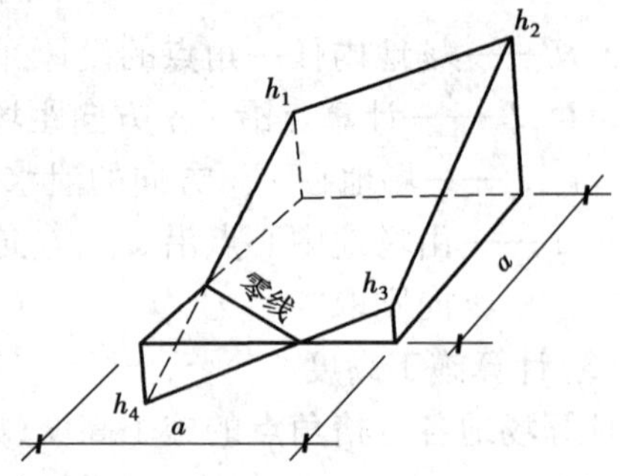

图 2.12　三挖一填土方量计算示意图

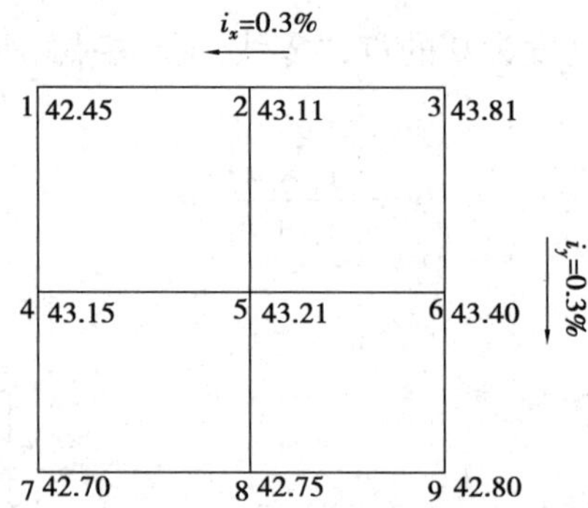

图 2.13　某场地方格布置

【解】　①计算场地平整初步设计标高。

$H_0=\frac{1}{4\times4}\times[(42.45+43.81+42.70+42.80)+2\times(43.11+43.15+43.40+42.75)+4\times43.21]=43.09(\text{m})$

②根据泄水坡度调整各角点标高：

$H_1=43.09-20\times0.3\%+20\times0.3\%=43.09(\text{m})$

$H_2=43.09+20\times0.3\%=43.15(\text{m})$

$H_3=43.09+20\times0.3\%+20\times0.3\%=43.21(\text{m})$

$H_4=43.09-20\times0.3\%=43.03(\text{m})$

$H_5=43.09(\text{m})$

$H_6=43.09+20\times0.3\%=43.15(\text{m})$

$H_7=43.09-20\times0.3\%-20\times0.3\%=42.97(\text{m})$

$H_8=43.09-20\times0.3\%=43.03(\text{m})$

$H_9=43.09+20\times0.3\%-20\times0.3\%=43.09(\text{m})$

③计算各角点施工高度、零点位置和零线。h_i = 设计标高 − 地面标高 $=H_i-H'_i$（以“+”为填，“−”为挖），结果如图 2.14、图 2.15 所示。

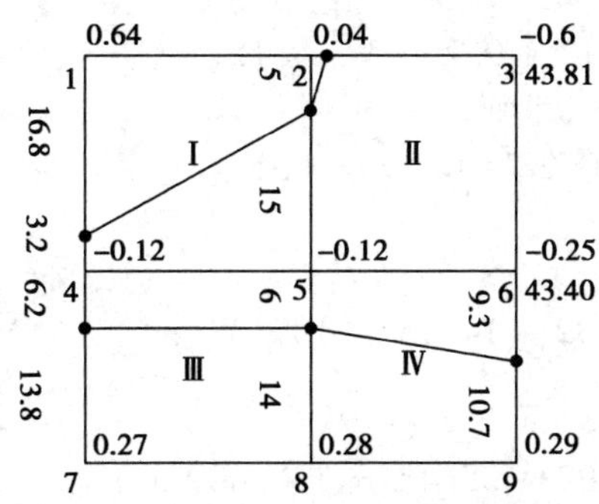

图 2.14　各角点施工高度计算

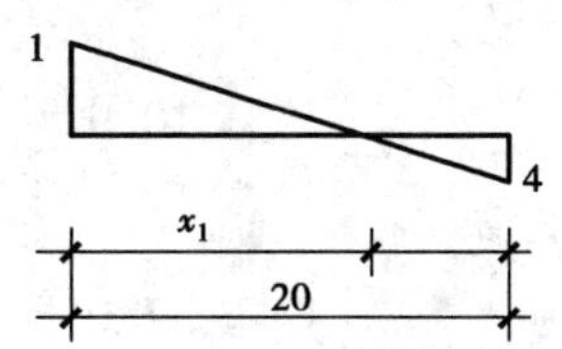

图 2.15　零点位置和零线计算

Ⅰ ~Ⅳ线：

43.09 m − 42.45 m = 0.64 m，43.15 m − 43.11 m = 0.04 m

$$x_1 = \frac{0.64 \times 20}{0.64 + 0.12} = 16.8(\mathrm{m})$$

其余零点计算方法同上。

④计算土方工程量(图 2.16)。

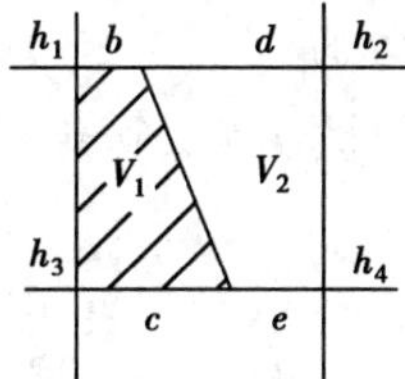

$$V_1 = \frac{1}{8}a(b+c)(h_1+h_3)$$

$$V_2 = \frac{1}{8}a(d+e)(h_2+h_4)$$

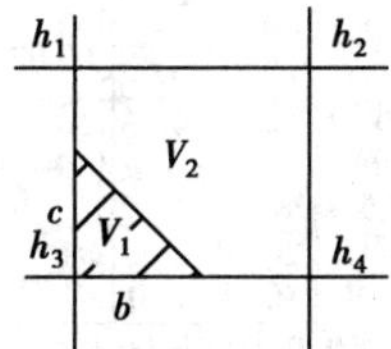

$$V_1 = \frac{1}{6}bch_3$$

$$V_2 = \left(a^2 - \frac{bc}{2}\right)\frac{h_1+h_2+h_4}{5}$$

图 2.16　土方工程量计算示例

$$V_{\mathrm{I}+} = \frac{20}{8} \times (5 + 16.8) \times (0.04 + 0.64) = 37.06(\mathrm{m}^3)$$

$$V_{\mathrm{I}-} = \frac{20}{8} \times (3.2 + 15) \times (0.12 + 0.12) = 10.92(\mathrm{m}^3)$$

$$V_{\mathrm{II}+} = \frac{1.25 \times 5 \times 0.04}{6} = 0.04(\mathrm{m}^3)$$

$$V_{\mathrm{II}-} = \left(20^2 - \frac{1.25 \times 5}{2}\right) \times \frac{0.6 + 0.12 + 0.25}{5} = 76.99(\mathrm{m}^3)$$

$$V_{\mathrm{III}-} = \frac{20}{8} \times (6.2 + 6) \times (0.12 + 0.12) = 7.32(\mathrm{m}^3)$$

$$V_{\mathrm{III}+} = \frac{20}{8} \times (13.8 + 14) \times (0.27 + 0.28) = 38.22(\mathrm{m}^3)$$

$$V_{\text{Ⅳ}-} = \frac{20}{8} \times (6 + 9.3) \times (0.12 + 0.25) = 14.15(\text{m}^3)$$

$$V_{\text{Ⅳ}+} = \frac{20}{8} \times (14 + 10.9) \times (0.28 + 0.29) = 35.48(\text{m}^3)$$

全部挖方量：

$$\sum V_{-} = 10.92 + 76.99 + 7.32 + 14.15 = 109.38(\text{m}^3)$$

全部填方量：

$$\sum V_{+} = 37.06 + 0.04 + 38.22 + 35.48 = 110.80(\text{m}^3)$$

思考与练习

1. 场地平整的挖填原则是什么？
2. 场地平整土方量计算的步骤是什么？
3. 什么是“零点”和“零线”？
4. 若例题1中泄水坡度为0.2%，试计算方格网各角点的设计标高、施工高度，画出施工零线，计算土方量。
5. 某建筑地形图和方格网（边长）布置如图2.17所示。土壤为二类土，场地地面泄水坡度如图所示。试确定场地设计标高（不考虑土的可松性影响、余土加宽边坡），计算各方格挖、填土方工程量。（拓展）

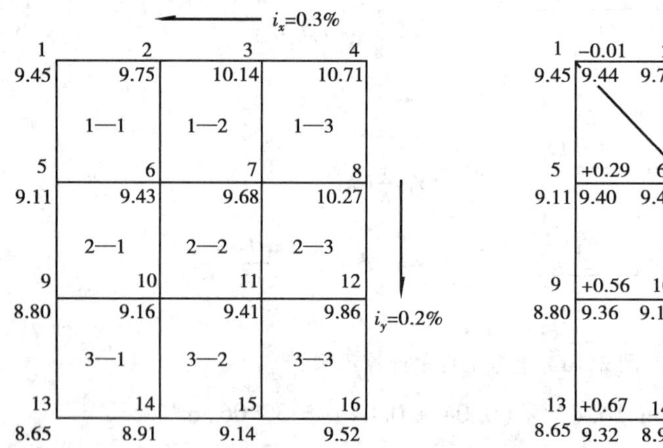

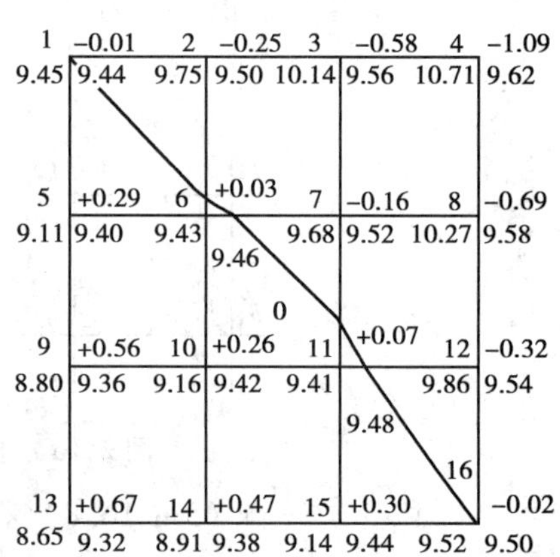

图2.17 某建筑地形图和方格网（边长）布置

2.3 土方调配

2.3.1 土方调配的概念

土方调配是土方工程施工组织设计（土方规划）中的重要内容，在平整场地土方工程量计

算完成后进行。编制土方调配方案,应根据地形及地理条件,把挖方区和填方区划分成若干个调配区,计算各调配区的土方量,并计算每对挖、填方区之间的平均运距(即挖方区重心至填方区重心的距离)。确定挖方各调配区的土方调配方案,应使土方总运量最小或土方运输费用最少,而且便于施工,从而可以缩短工期、降低成本。在同一或相邻土方工程作业施工中,对开挖弃土量和填方用土量进行综合因素考虑和调配,将开挖弃土尽可能用于土方回填和最小运距的处置,最大限度地减少开挖土方外运量。

2.3.2　土方调配的原则

①挖方和填方基本平衡,总运输量最小,即挖方量与运距的乘积尽可能最小。

②近期施工和远期利用相结合。

③分区调配和全场调配的协调,优质土用于回填质量要求高的填方区。

④尽可能与大型地下室结构施工相结合,避免土方的重复挖填和运输。

2.3.3　土方调配步骤

①划分调配区。在平面图上划出挖填区的分界线,并在挖方区和填方区划出若干调配区,确定调配区的大小和位置。

②计算各调配区的土方量,并标于图上。

③计算每对调配区的平均运距(即挖方区土方重心至填方区重心的距离),并将每一距离标于土方平衡与运距表中。

④确定最优调配方案。先用“最小元素法”确定初始方案,再用“位势法”进行检查,是否总的运输量为最小值,否则用“闭回路法”进行调整。

⑤绘制土方调配图。根据以上结果,标出调配方向、土方数量及运距。

2.3.4　注意事项

(1)调配区划分

①调配区的划分应与房屋或构筑物的位置相协调,满足工程施工顺序和分期施工的要求,使近期施工和后期利用相结合。

②调配区的大小应考虑土方及运输机械的技术性能,使其功能得到充分发挥。例如,调配区的长度应大于或等于机械的铲土长度,调配区的面积最好与工段的大小相适应。

③调配区的范围应与计算土方量用的方格网相协调,通常可由若干个方格网组成一个调配区。

④从经济效益出发,考虑就近借土或就近弃土。这时,一个借土区或一个弃土区均可作为一个独立的调配区。

⑤调配区划分还应尽可能与大型地下建筑物施工相结合,避免土方重复开挖。

(2)调配区之间的平均运距

平均运距即挖方区土方重心至填方区土方重心的距离。应先求出每个调配区重心,取场地或方格网中的纵横两边为坐标轴,分别求出各调配区土方的重心位置。

$$x_0 = \frac{\sum V \times x}{\sum V}, y_0 = \frac{\sum V \times y}{\sum V} \tag{2.12}$$

式中　x_0, y_0——挖或填方调配区的重心坐标；

V——每个方格的土方量；

x, y——每个方格的重心坐标。

地形复杂时，亦可用作图法近似地求出形心位置以代替重心的位置。

(3)最优调配方案确定——表上作业法步骤

①用"最小元素法"编制初始调配方案。

②最优方案的判别。

③方案调整。

④绘制土方调配图。

(4)绘制土方调配图

调配方案确定后，绘制土方调配图(图2.18)。在土方调配图上要注明挖填调配区、调配方向、最终土方调配量和每对挖填之间的平均运距。W表示挖方，T表示填方。

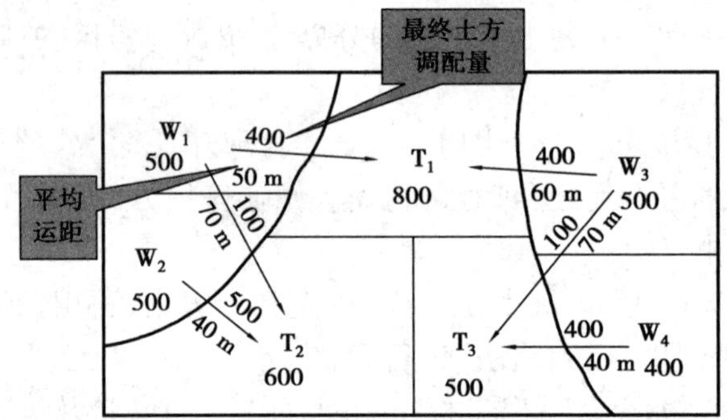

图2.18　土方调配图

【例题2.2】　某建筑场地方格网如图2.19所示，方格边长为20 m×20 m，填方区边坡坡度系数为1.0，挖方区边坡坡度系数为0.5，试用公式法计算挖方和填方的总土方量。

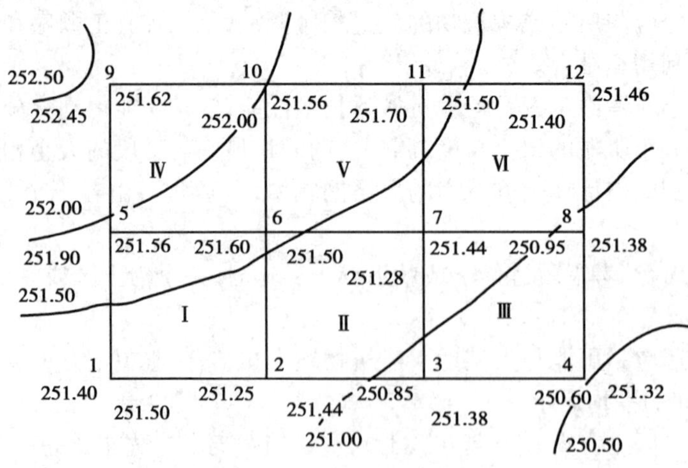

图2.19　某建筑场地方格网

【解】 ①根据所给方格网各角点的地面设计标高和自然标高,计算结果列于图 2.20 中。

由公式得:

$h_1=251.50-251.40=0.10(\mathrm{m})$,$h_2=251.44-251.25=0.19(\mathrm{m})$

$h_3=251.38-250.85=0.53(\mathrm{m})$,$h_4=251.32-250.60=0.72(\mathrm{m})$

$h_5=251.56-251.90=-0.34(\mathrm{m})$,$h_6=251.50-251.60=-0.10(\mathrm{m})$

$h_7=251.44-251.28=0.16(\mathrm{m})$,$h_8=251.38-250.95=0.43(\mathrm{m})$

$h_9=251.62-252.45=-0.83(\mathrm{m})$,$h_{10}=251.56-252.00=-0.44(\mathrm{m})$

$h_{11}=251.50-251.70=-0.20(\mathrm{m})$,$h_{12}=251.46-251.40=0.06(\mathrm{m})$

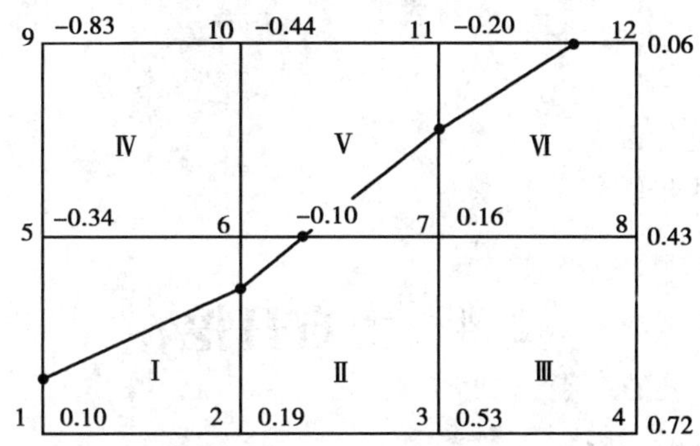

图 2.20　地面设计标高和自然标高计算结果

②计算零点位置。从图 2.20 可知,1—5、2—6、6—7、7—11、11—12 五条方格边两端的施工高度符号不同,说明此方格边上有零点存在。

由公式求得:

1—5 线:$x_1=4.55(\mathrm{m})$

2—6 线:$x_1=13.10(\mathrm{m})$

6—7 线:$x_1=7.69(\mathrm{m})$

7—11 线:$x_1=8.89(\mathrm{m})$

11—12 线:$x_1=15.38(\mathrm{m})$

将各零点标于图上,并将相邻的零点连接起来,即得零线位置。

③计算方格土方量。方格Ⅲ、Ⅳ底面为正方形,土方量为:

$$V\text{Ⅲ}_{(+)}=20^2/4\times(0.53+0.72+0.16+0.43)=184(\mathrm{m}^3)$$

$$V\text{Ⅳ}_{(-)}=20^2/4\times(0.34+0.10+0.83+0.44)=171(\mathrm{m}^3)$$

方格Ⅰ底面为两个梯形,土方量为:

$$V\text{Ⅰ}_{(+)}=20/8\times(4.55+13.10)\times(0.10+0.19)=12.80(\mathrm{m}^3)$$

$$V\text{Ⅰ}_{(-)}=20/8\times(15.45+6.90)\times(0.34+0.10)=24.59(\mathrm{m}^3)$$

方格Ⅱ、Ⅴ、Ⅵ底面为三边形和五边形,土方量为:

$$V\text{Ⅱ}_{(+)}=65.73\ (\mathrm{m}^3)$$

$$V\text{Ⅱ}_{(-)}=0.88\ (\mathrm{m}^3)$$

$$V\text{Ⅴ}_{(+)}=2.92\ (\mathrm{m}^3)$$

$$V\text{Ⅴ}_{(-)}=51.10\ (\mathrm{m}^3)$$

$$V_{Ⅵ(+)} = 40.89\ (m^3)$$

$$V_{Ⅵ(-)} = 5.70\ (m^3)$$

方格网总填方量：

$$\sum V_{(+)} = 184 + 12.80 + 65.73 + 2.92 + 40.89 = 306.34\ (m^3)$$

方格网总挖方量：

$$\sum V_{(-)} = 171 + 24.59 + 0.88 + 51.10 + 5.70 = 253.27\ (m^3)$$

思考与练习

1. 什么是土方调配？
2. 土方调配的原则是什么？
3. 土方调配需要哪些步骤？

2.4 土方开挖

2.4.1 土方开挖工艺流程

土方开挖工艺流程如图 2.21 所示。

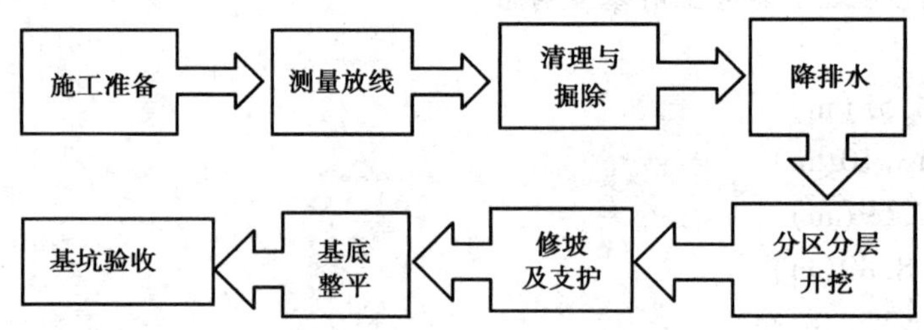

图 2.21 土方开挖工艺流程图

2.4.2 控制要点

(1)施工准备

①分析、审阅施工图纸并结合现场调查情况，编制土方开挖专项施工方案，绘制土方开挖分区及顺序图。

②设置测量控制网，引进、设置测量基准桩，并进行围栏保护，以保证土方开挖标高位置与尺寸准确无误。如区域较大则应建立测量控制网进行监控测量，配合土方调配。

③夜间施工照明等措施准备充分。

④备好开挖机械、人员、施工用电、用水、道路及其他设施。

⑤收集整理当地水文、气象资料，辅助土方开挖施工。

(2)清理与掘除

工程范围内的表层杂草、块石杂物、腐殖土、树根等均应清除干净、平整压实,清理厚度不得小于 0.3 m。清除的废渣不得随地弃置,采用自卸汽车外运至弃料场,也可二次利用。

(3)测量放线

①依据测量基准桩坐标及高程,结合施工图纸,定出本工程测量主控轴线及基础控制轴线,经建设单位和现场监理认可后建立现场测量控制网。建立平面控制网示例如图 2.22、图 2.23 所示。基槽开挖线示意图如图 2.24 所示,高程传递示意图如图 2.25 所示。

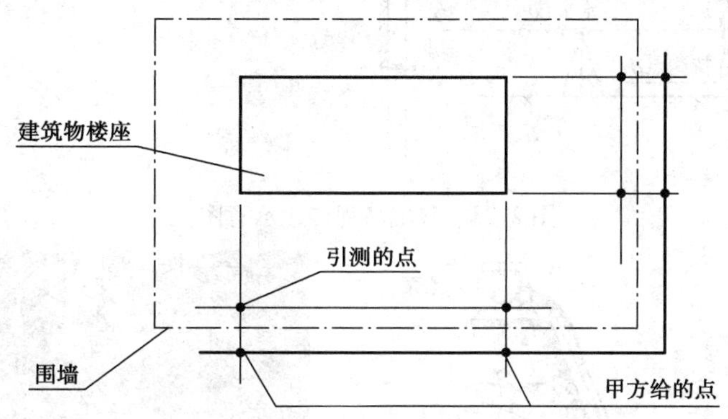

图 2.22　将甲方给的点引测到围墙内部

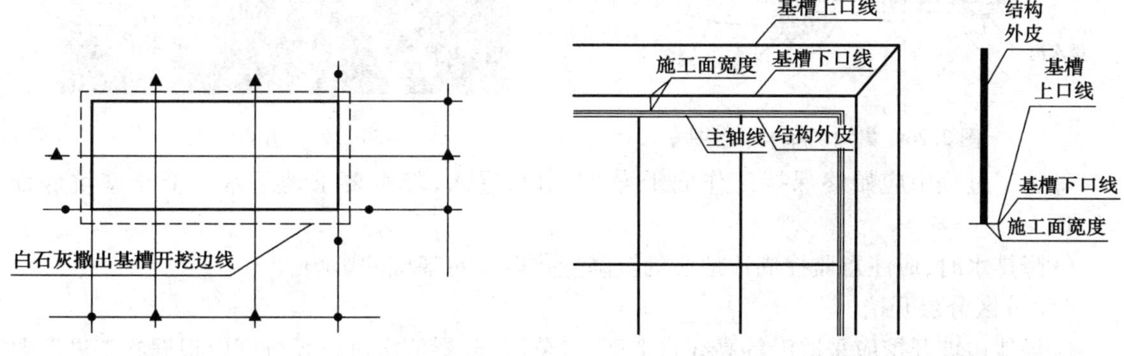

图 2.23　建立平面控制网(黑三角)示例

图 2.24　基槽挖孔示意图

②平面控制应先从整体考虑,遵循先整体后局部、高精度控制低精度的原则。

③选点应在通视条件良好、安全、易保护的位置。测量标志应妥善保护,不得碰动,更不能损坏。

④所有测量仪器必须经质监部门检定合格后方能使用,并在使用前进行检核,发生异常不得使用。

⑤挖土过程中要定期进行复测,校验控制桩的位置和水准点标高。

(4)降排水

①基坑土方开挖应注意降排水,主要方法包括集水坑排水、井点降水、隔水和回灌等(图 2.26、图 2.27)。

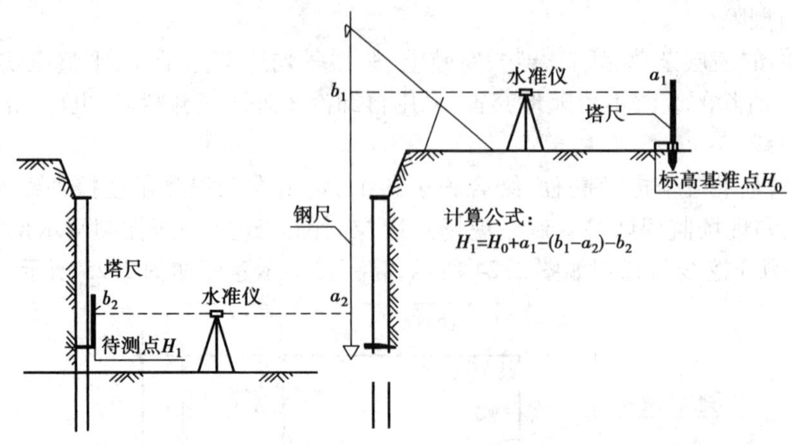

图 2.25　基坑高程传递示意图

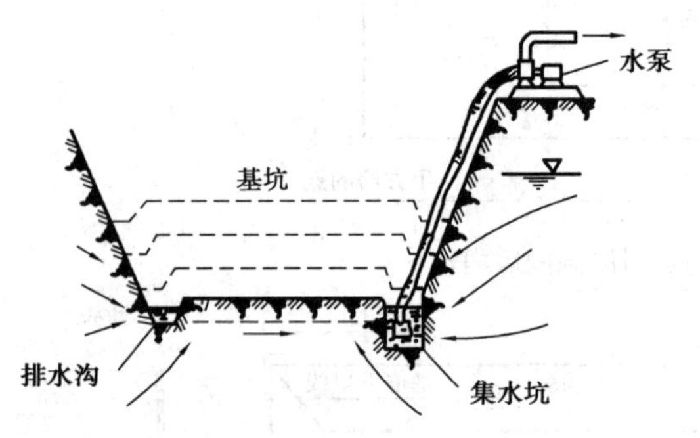

图 2.26　集水坑降水示意图

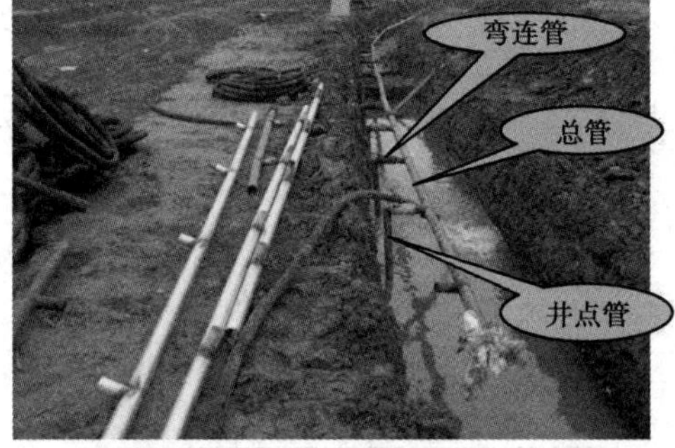

图 2.27　井点降水法

②施工过程中应始终保持工作面干燥，无雨水进入，降水要求地下水位低于基坑底面 0.5 m。

③降排水时，应注意监控周边地质的沉降变化以及对基坑的影响。

(5)分区分层开挖

①场地边坡开挖应采取沿等高线自上而下，分区、分层依次进行。分区应根据施工进度要求、土方量、土方运距、土方施工顺序、地质条件等因素合理确定。土方开挖的顺序、方法必须与设计工况一致，并遵循“开槽支撑，先撑后挖，分层开挖，严禁超挖”的原则。当基底标高不同时，应遵守先深后浅的施工顺序。分层、分区开挖示例如图 2.28、图 2.29 所示。

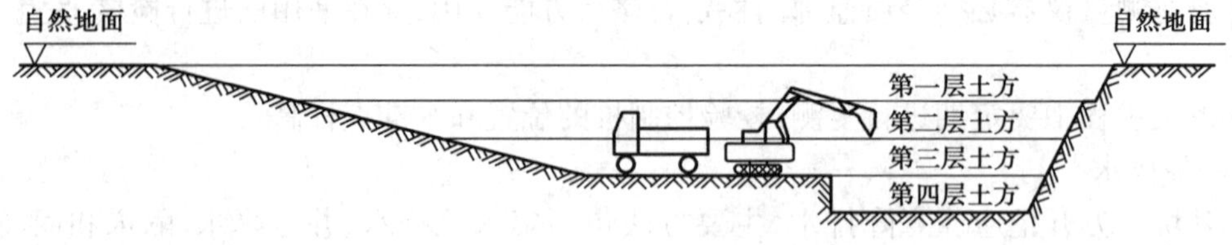

图 2.28　分层开挖示例

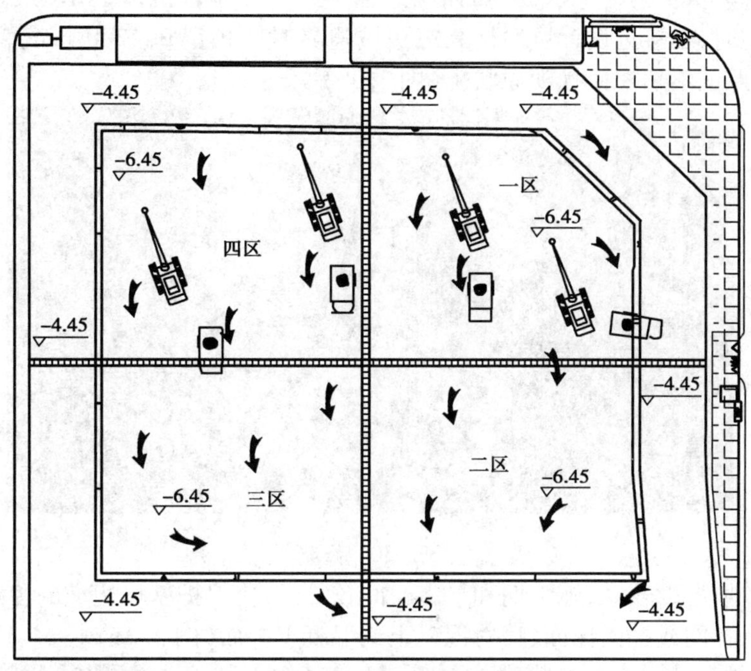

图 2.29　分区开挖示例

②边坡台阶开挖，应做成一定的坡势，边坡下部设有护脚及排水沟时，应尽快处理台阶的反向排水坡，进行护脚矮墙和排水沟的砌筑和疏通。否则，应采取临时性排水措施。边坡稳定地质条件良好，土质均匀，高度在 10 m 内的边坡坡度按表 2.1 取值。

表 2.1　土质边坡坡度允许值

土的类别	密实度或状态	坡度允许值(高宽比)	
		坡高在 5 m 以内	坡高在 5 ~ 10 m
碎石土	密实	1 : 0.35 ~ 1 : 0.50	1 : 0.50 ~ 1 : 0.75
	中密	1 : 0.50 ~ 1 : 0.75	1 : 0.75 ~ 1 : 1.00
	稍密	1 : 0.75 ~ 1 : 1.00	1 : 1.00 ~ 1 : 1.25
黏性土	坚硬	1 : 0.75 ~ 1 : 1.00	1 : 1.00 ~ 1 : 1.25
	硬塑	1 : 1.00 ~ 1 : 1.25	1 : 1.25 ~ 1 : 1.50

③对软土土坡或易风化的软质岩石边坡，在开挖后应对坡面、坡脚采取喷浆、抹面、嵌补、护砌等保护措施，并做好坡顶、坡脚排水，避免在影响边坡稳定的范围内积水。

④土方开挖前，应查明基坑周边及影响范围内建(构)筑物与水、电、燃气等地下管线的情况，并采取措施保护其使用安全。

⑤基坑工程应编制应急预案。

(6)修坡及支护

基坑的修坡及支护是指为保护地下主体结构施工和基坑周边环境的安全，对基坑采取的临时性支挡、加固、保护与地下水控制的措施。修坡及支护应注意以下几点：

①机械开挖时，在接近设计坑底标高或边坡边界时应预留 0 ~ 300 mm 厚土层，用于人工开挖和修整，以保证不超挖而扰动原状土(图 2.30)。

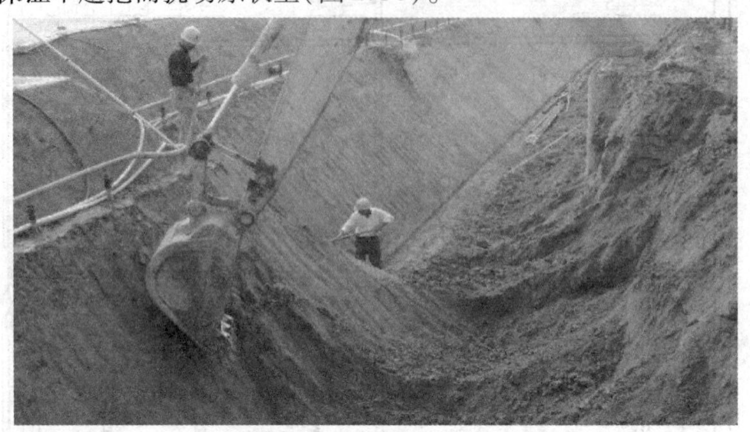

图 2.30　修坡

②当基坑放坡高度较大，施工期和暴露时间较长时，应保护基坑边坡的稳定。常用的基坑坡面保护方法有挂网或挂网抹面、喷射混凝土或混凝土护面(图 2.31)。

图 2.31　挂网喷射细石混凝土护坡

③检查坑底平面尺寸和标高，要求坑底凹凸不超过 2.0 cm。

④基坑顶部四周距坑边 1 m 处设置安全防护栏杆，除运输通道外进行封闭围护，并挂设警示标志(图 2.32)。

(7)基坑验收

①基坑开挖完毕后，为防止地基不均匀沉降，应由施工单位、设计单位、勘察单位、监理单位或建设单位、质量监督部门等有关人员共同到现场检查、鉴定验槽，核对地质资料，检查地基土与工程地质勘察报告、设计图纸要求是否相符合，有无破坏原状土结构或发生较大的扰动现象。

②一般用表面检查验槽法，即观察基槽基底和侧壁的土质情况、土层构成及其走向，是否有异常现象，以判断是否达到设计要求的土层；检查基底标高和平面尺寸、坡度是否符合设计

要求。必要时,采用钎探检查(将一定长度的钢钎打入槽底以下的土层,根据每打入一定深度的锤击数,间接判断地基的土质情况),主要用来检查地基土每 2 m 范围内的土质是否均匀一致,是否有局部过硬或过软的部位,以及是否有地洞、墓穴等情况,如图 2.33 所示。经检查合格后,填写基坑槽验收、隐蔽工程记录,及时办理交接手续。

图 2.32　设立施工警示标志

图 2.33　地基钎探

③按照地质勘察文件核对基坑地质情况,平面土质显著不均匀或局部存在古井、菜窖、坟穴、河沟等不良地基,应用钎探查明其平面范围与深度。

④验收后,应及时清底、浇筑垫层封闭,减少暴露时间,防止暴晒和雨水浸刷破坏地基土的原状结构。

2.4.3　冬、雨期施工

①雨期施工的工作面不宜过大,应逐片逐段分期完成。重要或特殊的土方工程,应尽量在

雨季前完成。

②雨期施工前，应对施工场地原有排水系统进行检查、疏浚和加固。必要时应增加排水措施，保证排水畅通，在施工场地周围应防止地面水流入场地。

③土方开挖不宜在冬期施工，如必须在冬期施工，其施工方法应经技术经济比较后确定。施工前应周密计划，做好准备，做到连续施工。

2.4.4 预控措施

土方工程施工质量控制及预控措施如表2.2所示。

表2.2 质量控制及预控措施

质量控制项目	预控措施
附近已有建筑物、道路、管线有下沉和变形	应与设计单位和建设单位研究采取防护措施
发现文物或古墓	妥善保护并及时报请当地有关部门来现场处理，待妥善处理后，方可继续施工
挖掘时发现地下管线(管道、电缆等)	及时通知有关部门来处理，如发现测量用的永久性标桩或地质、地震部门设置的观测孔等亦应加以保护。如施工必须毁坏时，亦应事先取得原设置或保管单位的书面同意
基坑滑塌	应根据土质情况和实际条件采取边坡保护措施，以保护基坑边坡的稳定
超挖及基底扰动	1.机械开挖时，槽底的控制标高应比设计标高提高1～30 cm，机械挖完后，再用人工清槽。 2.改进机械挖土的铲斗，减小斗齿扰动土的厚度，相应减少槽底预留厚度。配合专人，随挖随按槽底设计标高进行人工清槽
基坑浸水	1.开挖基坑前，在基坑周围的场地上，设置排水系统，截留地面水，防止地面水流入基坑。 2.在地下水位较高地区，需在地下水位以下挖土，可采用明排水和三级深度挖土法挖基坑。 3.如果基坑开挖后，不能立即进行下一道序施工时，可在基坑设计标高上预留一层0.15～0.3 m厚的土不挖，待下一工序开始前，再人工开挖至槽底设计标高
流砂及基坑周围塌陷	挖基坑前，通过熟悉设计资料及实地踏勘访回，尽量详细地摸清该处地质、水文状况，然后采取恰当排水方式(如井点排水)，或改变为下施工方法

2.4.5 土方开挖质量验收标准

土方开挖工程质量验收标准应符合表2.3的规定。

表 2.3　土方开挖工程质量验收标准

项　目	序　号	检查项目	允许偏差或允许值/ mm					检验方法
			桩基基坑基槽	场地平整		管沟	地(路)面基层	
				人工	机械			
主控项目	1	标高	−50	±30	±50	−50	−50	水准仪
	2	长度、宽度(由设计中心线向两边量)	+200 −50	+300 −100	+500 −150	100		经纬仪,用钢尺量
	3	边坡	设计要求					观察或用坡度尺检查
一般项目	1	表面平整度	20	20	50	20	20	用 2 m 靠尺和楔形塞尺检查
	2	基底土性	设计要求					观察或分析土样

思考与练习

1. 土方开挖的工艺流程是什么?
2. 土方开挖过程中,都有哪些控制要点?
3. 土方开挖的质量标准是什么?

2.5　土方回填

土方回填是建筑工程中常用的一种施工方法,主要有地基土回填、基坑(槽)或管沟回填、室内地坪回填、室外场地回填平整等。

2.5.1　填方土料选择

选择填方土料应符合设计要求。如无设计要求时,应符合下列规定:

①碎石类土、砂土(使用细、粉砂时应取得设计单位同意)和爆破石渣,可用作表层以下的填料,其最大粒径不得超过每层铺填厚度的 2/3。

②含水率符合压实要求的黏性土,可用作各层填料。

③碎块草皮和有机质含量大于 8% 的土,仅用于无压实要求的填方工程。

④淤泥和淤泥质土一般不能直接用作填料,但软土或沼泽地区,经过处理其含水率符合压实要求后,可用于填方中的次要部位;含量符合规定的盐渍土,一般可以使用,但填料中不得含有盐晶、盐块或含盐植物的根茎。

⑤含冻土块的土不得用于室内回填。

2.5.2 施工工艺流程

土方回填施工工艺流程如图 2.34 所示。

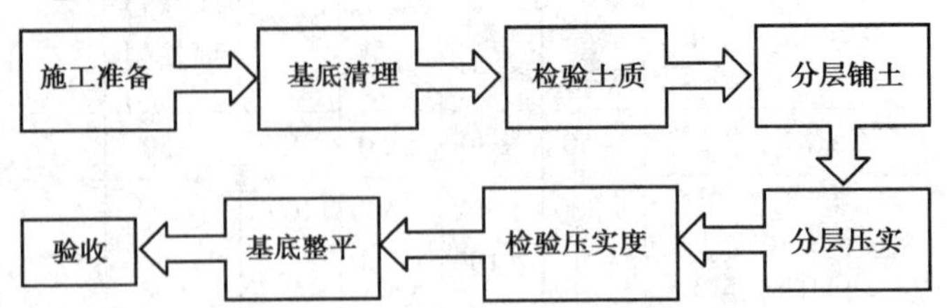

图 2.34 土方回填施工工艺流程图

①填土前，应将基底上的洞穴或基底表面上的树根、垃圾等杂物都处理完毕，清除干净。

②检验土质。检验回填土料的种类、粒径是否符合规定，有无杂物以及土料的含水率是否在控制范围内。若含水率偏高，可采用翻松、晾晒或均匀掺入干土等措施；若含水率偏低，可采用预先洒水湿润等措施。

③填土应分层铺摊，分层压实（图 2.35）。每层铺土的厚度应根据土质、密实度要求和机具性能确定，填土应尽量采用同类土填筑；如采用不同类填料分层填筑时，上层宜填筑透水性较小的填料，下层宜填筑透水性较大的填料。填方基土表面应做成适当的排水坡度，边坡不得用透水性较小的填料封闭。填方施工应接近水平地分层填筑。当填方位于倾斜的地面时，应先将斜坡挖成阶梯状，然后分层填筑，以防止填土横向移动。分段填筑时，每层接缝处应做成斜坡形，碾迹重叠 0.5～1.0 m。上下层错缝距离不应小于 1 m。

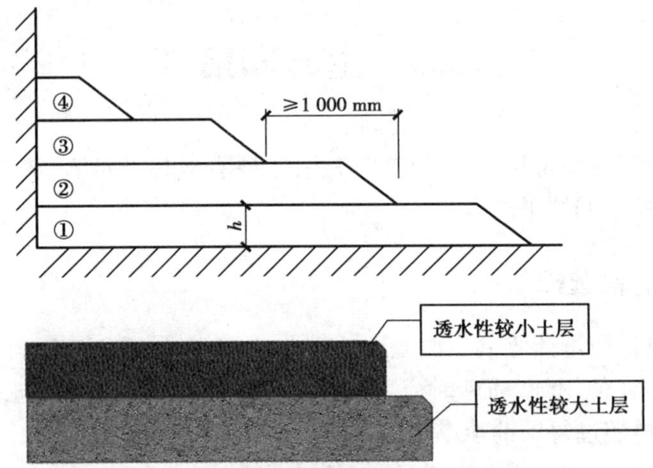

图 2.35 分层铺土示意图

④回填土分层压实后，应分层检测，应按规定进行环刀取样，测出干土的质量密度，符合设计、规范、合同要求后再进行上一层的铺土。

⑤填方全部完成后，应在表面拉线找平。凡超过标准高程的位置，及时依线铲平，凡低于标准高程的位置，应补土找平夯实。

2.5.3 填土的压实方法

填土压实方法有碾压法、夯实法和振动法 3 种,其工作原理如图 2.36 所示。此外,还可利用运土工具进行压实。

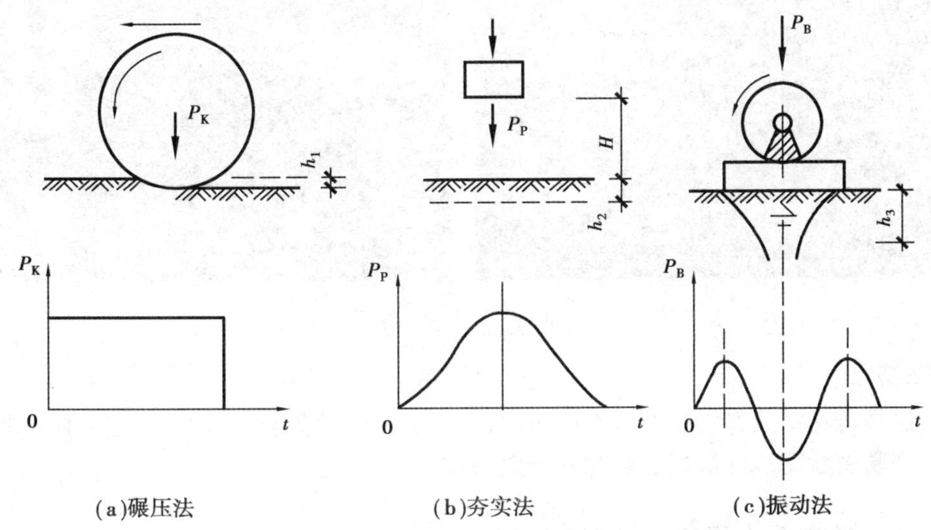

图 2.36 填土压实机械工作原理

1) 碾压法

碾压法是由沿着表面滚动的鼓筒或轮子的压力压实土壤(图 2.37)。拖动和自动的碾压机具与平滚碾、羊足碾和气胎碾等的工作原理相同。该法主要用于大面积填土。

图 2.37 碾压法

2) 夯实法

夯实法是利用夯锤自由下落的冲击力来夯实土壤,主要用于小面积回填土(图 2.38)。夯实机具类型较多,有木夯、石夯、蛙式打夯机以及利用挖土机或起重机装上夯板后的夯土机等。

其中,蛙式打夯机轻巧灵活、构造简单,在小型土方工程中应用广泛。

图 2.38　夯实法

3)振动法

振动法是将重锤放在土层的表面或内部,借助于振动设备使重锤振动,土壤颗粒即发生相对位移达到紧密状态。此法振实非黏性土效果较好。

2.5.4　影响填土压实质量的因素

1)压实功的影响

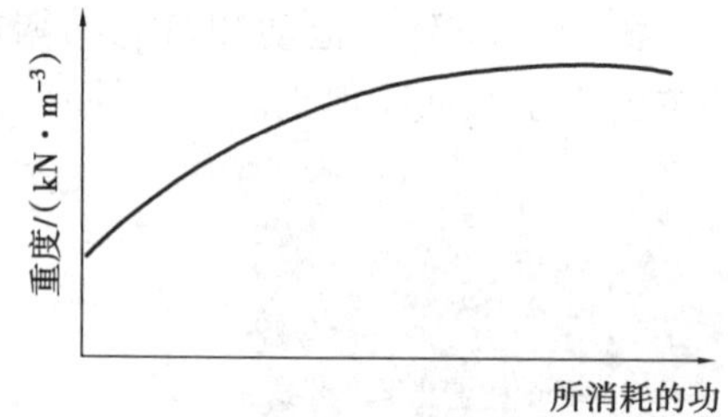

图 2.39　压实功与压实效果关系图

土的密度与所消耗的功的关系如图 2.39 所示。当土的含水率一定,在开始压实时,土的密度急剧增加,待到接近土的最大密度,压实功虽然增加许多,而土的密度变化却较小。在实际施工中,对于砂土只需碾压 2 ~3 遍,对粉质黏土或黏土只需 5 ~6 遍。

2)含水率的影响

土的含水率对填土压实有很大影响,较干燥的土,由于土颗粒之间的摩阻力大,填土不易被夯实;而含水率较大,超过一定限度,土颗粒间空隙全部被水充填而呈饱和状态,填土也不易被压实,容易形成"橡皮土"(图 2.40)。为了保证填土在压实过程中具有最佳的含水率,当土过湿时,应翻松、晾晒或掺入同类干土及其他吸水性材料;如土料过干,则应预先洒水湿润。

在实际施工中会用到土的最佳含水率,它是指能使填土压实至最大密实度的含水率。在现场判定的方法是以手握成团,落地开花为宜。

3)铺土厚度的影响

土在压实功的作用下,其应力随深度的增加而逐渐减小(图 2.41)。在压实过程中,土的密实度在表层较大,随深度的加深而逐渐减小;超过一定深度后,虽经反复碾压,土的密实度仍与未压实前一样。填方每层的铺土厚度和压实遍数如表 2.4 所示。

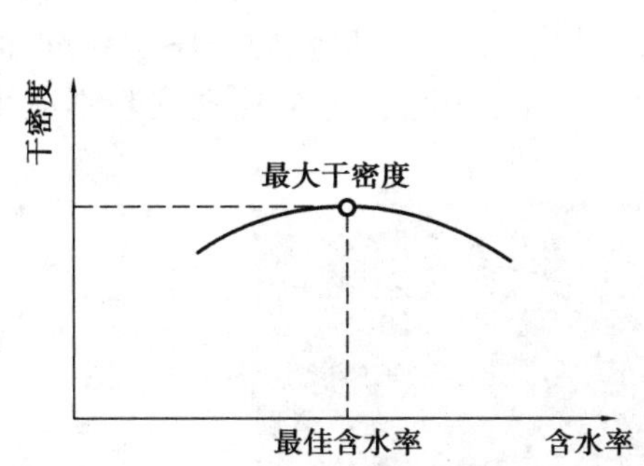

图2.40 含水率与压实效果关系图

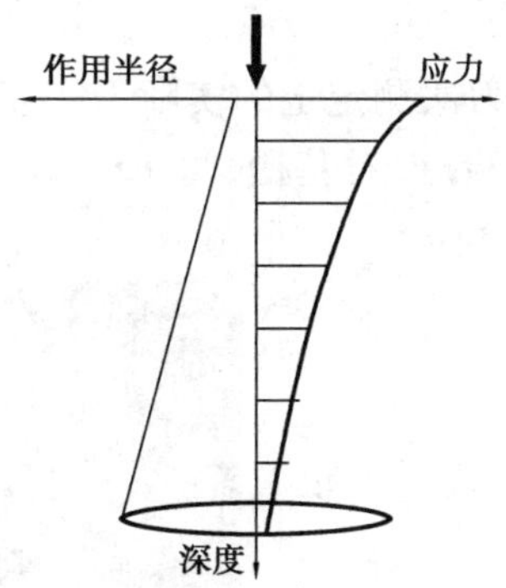

图2.41 压实功与铺土厚度关系图

表2.4 填方每层的铺土厚度和压实遍数

项目	压实机具	分层厚度 h/mm	每层压实遍数
1	平碾(8～12 t)	200～300	6～8
2	羊足碾(5～16 t)	200～350	6～16
3	蛙式打夯机(200 kg)	200～250	3～4
4	振动碾(8～15 t)	60～130	6～8
5	振动压路机(2 t)	120～150	10
6	推土机	200～300	6～8
7	拖拉机	200～300	8～16
8	人工打夯	不大于200	3～4

2.5.5 填土压实的质量检查

填土压实后要达到一定的密实度要求。填土的密实度要求和质量指标通常以压实系数 λ_e 表示。压实系数是土方施工控制干密度和土的最大干密度的比值。压实系数一般根据工程结构性质、使用要求以及土的性质确定。

1)检验项目

检验项目一般依据施工图要求,包括密度指标和含水率指标。在建筑工程施工图纸上,如果规定有密度指标,则回填后应进行密度试验;施工现场的实测干密度 ρ_d 应不小于工程图纸要求的最小干密度 ρ_{dmin}。如果规定有压实系数指标,则先进行击实试验(击实试验提供给施工单位该土最佳含水率状态下的最大干密度 ρ_{dmax} 及控制干密度)。然后在现场按击实试验报告中的最佳含水率和控制干密度在回填后再进行密度试验,实测干密度应不小于击实试验报告中的控制干密度。

2)取样方法

试验常用取样方法有环刀法(图2.42)、灌砂法、灌水法等。其中,环刀法与灌砂法应用较为广泛。

采用环刀法测定土的实际干密度时，其取样组数为：对大基坑，每 50～100 m^2 面积内不应少于一个检验点；对基槽，每 10～20 m 不应少于一个检验点；每个独立柱基不应少于一个检验点。

图 2.42　施工现场环刀取样检验压实度

2.5.6　土方回填质量验收标准

①土方回填前应清除基底的垃圾、树根等杂物，抽除坑穴积水、淤泥，验收基底标高。如在耕植土或松土上填方，应在基底压实后再进行。

②应按设计要求对填方土料验收后方可填入。

③填方施工过程中，应检查排水措施、每层填筑厚度、含水率控制、压实程度。填筑厚度及压实遍数应根据土质、压实系数及所用机具确定。

④填方施工结束后，应检查标高、边坡坡率、压实程度等，验收标准应符合表 2.5 的规定。

表 2.5　填土工程质量验收标准

单位：mm

项　目	序　号	检查项目	允许偏差					检验方法
			桩基基坑基槽	场地平整		管沟	地（路）面基层	
				人工	机械			
主控项目	1	标高	－50	±30	±50	－50	－50	水准仪
	2	分层压实系数	设计要求					按规定方法
一般项目	1	回填土料	设计要求					取样检查或直观鉴别
	2	分层厚度及含水率	设计要求					水准仪及抽样检查
	3	表面平整度	20	20	30	20	20	用靠尺或水准仪

2.5.7　预控措施

质量控制项目及预控措施如表2.6所示。

表2.6　质量控制项目及预控措施

质量控制项目	预控措施
回填不密实	1.每层铺土的厚度应根据土质、密实度要求和机具性能确定。 2.碾压机械压实填方时,应控制行驶速度。 3.回填土必须按规定分层夯压密实。 4.应在夯压时,对干土适当洒水加以湿润;如回填土太湿同样夯不密实,呈"橡皮土"现象,这时应将"橡皮土"挖出,重新换填再予以夯压实。 5.填方应按设计要求预留沉降量
场地积水	1.施工前结合当地水文地质情况,合理设置排水坡(要求坑内不积水,沟内排水沟通畅)、排水沟等设施,并尽量与永久性排水设施结合。 2.如果施工工期跨雨期,要做好雨期施工现场排水措施。 3.场地回填土按规定分层回填夯实,要使土的相对密实度不低于85%
填方出现"橡皮土"	1.现场鉴别,要求回填土料"手握成团,落地开花",控制回填土的含水率。 2.回填前,不允许基坑内有垃圾、树根等杂物,清除基坑内积水、淤泥
土方滑坡	1.基底应有足够的坡度,尽量做成阶梯形。 2.尽量做好地质勘察工作。 3.尽量避免在边坡附近堆重物加载,排水沟距坡脚应有一定的距离(不小于0.3 m),避免在可能滑坡的位置采用爆破和发生大的震动

思考与练习

1.土方回填的填土材料有什么要求?
2.土方回填的工艺流程是什么?
3.回填土压实的方法有哪些?
4.影响填土压实质量的因素有哪些?如何才能保证压实质量?

2.6　土方工程机械施工

2.6.1　土方工程施工常用机械

土方工程施工中常用的机械有推土机、铲运机、单斗挖土机及自卸汽车等。

1)推土机

①类型:按行走方式,可分为履带式推土机和轮胎式推土机(图2.43、图2.44)。

②使用范围:场地清理、场地平整,破、松硬土,土方压实。

③特点:操作灵活、工作面小、行驶速度快。

④提高生产率的作业方法:下坡推土——利用机械重力势能提高生产率;并列推土——减少土的散失;多刀送土——先集中堆积在 *A* 处,然后再推到 *B* 处;槽形推土——减少土的散失。

图 2.43　履带式推土机

图 2.44　轮胎式推土机

2)铲运机

铲运机是一种能独立完成铲土、运土、卸土、填筑、整平等工序的土方机械。按行走方式,分为牵引式铲运机和自行式铲运机(图 2.45、图 2.46);按铲斗操纵系统,分为液压操纵和机械操纵。

图 2.45　牵引式铲运机

图 2.46　自行式铲运机

3)单斗挖土机

按工作装置不同,单斗挖土机可分为正铲、反铲、拉铲和抓铲 4 种。

①正铲是挖掘机的铲土动作形式。其特点是"前进向上,强制切土"(图 2.47)。正铲挖掘力大,能开挖停机面以上的土,宜用于开挖高度大于 2 m 的干燥基坑,但须设置上下坡道。正铲的挖斗比同当量的反铲挖土机的斗要大一些,可开挖含水率不大于 27% 的一至三类土,且与自卸汽车配合完成整个挖掘运输作业,还可以挖掘大型干燥基坑和土丘等。

正铲挖土机的开挖方式根据开挖路线与运输车辆相对位置的不同，挖土和卸土方式有以下两种：正向挖土，侧向卸土；正向挖土，反向卸土。

②反铲挖土机的工作特点："后退向下，强制切土"（图2.48）。

使用范围：用于开挖停机面以下的一类至三类土，适用于挖掘深度不大于4 m的基坑、基槽、管沟，也适用于湿土、含水率较大及地下水位以下的土壤开挖。反铲挖土机的作业方式有沟端开挖和沟侧开挖两种。沟端开挖时，反铲挖土机停在沟端，向后退着挖土；沟侧开挖时，挖土机在沟槽一侧挖土，挖土机移动方向与挖土方向垂直。

图2.47　正铲挖土机

图2.48　反铲挖土机

③拉铲挖土机的工作特点："后退向下，自重切土"（图2.49）。其挖土半径和挖土深度较大，能开挖停机面以下的土，宜用于开挖大而深的基坑或水下挖土。

使用范围：开挖停机面以下的一类土、二类土，但不如反铲挖土机动作灵活准确，用于开挖大型基坑及挖土、填筑路基、修筑堤坝等。

④抓铲挖土机的工作特点："直上直下，自重切土"（图2.50）。其宜用于开挖窄而深的基坑或水中淤泥，特别适于水下挖土，土质坚硬时不能用抓铲施工。

使用范围：开挖停机面以下的一类土、二类土，开挖窄而深的基坑，疏通旧渠道及挖取水中淤泥。在软土地基的地区，常用于开挖基坑、沉井等。

图 2.49　拉铲挖土机

图 2.50　抓铲挖土机

4) 自卸汽车

自卸汽车适用于装卸土方和散料(图 2.51)。

图 2.51　自卸汽车

2.6.2　土方机械设备的安全技术要求

根据《建筑施工土石方工程安全技术规范》(JGJ 180—2009)规定执行。

1) 一般规定

①土石方工程施工的机械设备应有出厂合格证书。

②机械设备进场前,应对现场和行进道路进行踏勘,不满足通行要求的地段应采取必要

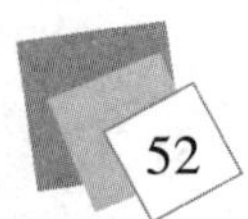

措施。

③作业前应检查施工现场,查明危险源。机械作业不宜在地下电缆或燃气管道等 2 m 半径范围内进行。

④作业时,操作人员不得擅自离开岗位或将机械设备交给其他无证人员操作,严禁疲劳和酒后作业。严禁无关人员进入作业区和操作室。机械设备连续作业时,应遵守交接班制度。

⑤遇到下列情况之一时,应立即停止作业:

a. 填挖区土体不稳定,有坍塌可能;

b. 地面水冒浆,出现陷车或因下雨发生坡道打滑;

c. 发生大雨、雷电、浓雾、水位暴涨及山洪暴发等情况;

d. 施工标志及防护设施被损坏;

e. 工作面净空不足以保证安全作业;

f. 地下设施未探明时;

g. 出现其他不能保证作业和运行安全的情况。

2)开挖土方设备的安全要求

①推土机工作时,严禁有人站在履带或刀片的支架上。两台及以上推土机在同一区域作业时,两机前后距离不得小于 8 m,平行时左右距离不得小于 1.5 m。

②铲运机作业前应将行车道整修好,路面宽度宜大于机身宽度 2 m。两台及以上铲运机在同区域作业时,自行式铲运机前后距离不得小于 20 m(铲土时不得小于 10 m),拖式铲运机前后距离不得小于 10 m(铲土时不得小于 5 m),平行作业两机间距不宜小于 2 m,不得强行超车。

③拉铲或反铲挖掘机作业时,挖掘机的履带到工作面边缘的安全距离不应小于 1.0 m。

思考与练习

1. 土方工程施工中常用的施工机械有哪些?

2. 机械施工时,应注意哪些安全问题?

第3章　基坑支护结构施工及降水排水

3.1　基坑支护

基坑支护是指为保护地下主体结构施工和基坑周边环境的安全，对基坑采用临时性支挡、加固、保护与地下水控制的措施（图3.1）。支护结构是指支挡或加固基坑侧壁用以承受荷载的结构。

图3.1　基坑支护

3.2　深基坑支护结构施工

深基坑是指开挖深度超过5 m的基坑，或深度未达到5 m但地质情况和周围环境较复杂的基坑。

①基坑支护应能保证基坑周边建（构）筑物、地下管线、道路的安全和正常使用，确保主体地下结构的施工空间。

②根据《建筑基坑支护技术规程》（JGJ 120—2016）规定，各类支护结构及其形式的适用条件如表3.1所示。

表 3.1 各类支护结构的适用条件

<table>
<tr><td colspan="2" rowspan="2">结构类型</td><td colspan="3">适用条件</td></tr>
<tr><td>安全等级</td><td colspan="2">基坑深度、环境条件、土类和地下水条件</td></tr>
<tr><td rowspan="5">支挡式结构</td><td>锚拉式结构</td><td rowspan="5">一级
二级
三级</td><td>适用于较深的基坑</td><td rowspan="5">1. 排桩适用于可采用降水或截水帷幕的基坑。
2. 地下连续墙宜用作主体地下结构外墙,同时可用于截水。
3. 锚杆不宜用在软土层和高水位的碎石土、砂土层中。
4. 当邻近基坑有建筑物地下室、地下构筑物等,锚杆的有效锚固长度不足时,不应采用锚杆。
5. 当锚杆施工会造成基坑周边建(构)筑物的损害或违反城市地下空间规划等规定时,不应采用锚杆</td></tr>
<tr><td>支撑式结构</td><td>适用于较深的基坑</td></tr>
<tr><td>悬臂式结构</td><td>适用于较浅的基坑</td></tr>
<tr><td>双排桩</td><td>当锚拉式、支撑式、悬臂式结构不适用时,可考虑采用双排桩</td></tr>
<tr><td>支护结构与主体结构结合的逆作法</td><td>适用于基坑周边环境条件很复杂的深基坑</td></tr>
<tr><td rowspan="4">土钉墙</td><td>单一土钉墙</td><td rowspan="4">二级
三级</td><td>适用于地下水位以上或经降水的非软土基坑,且基坑深度不宜大于 12 m</td><td rowspan="4">当基坑潜在滑动地面内有建筑物、重要地下管线时,不宜采用土钉墙</td></tr>
<tr><td>预应力锚杆复合土钉墙</td><td>适用于地下水位以上或经降水的非软土基坑,且基坑深度不宜大于 15 m</td></tr>
<tr><td>水泥土桩垂直复合土钉墙</td><td>用于非软土基坑时,基坑深度不宜大于 12 m;用于淤泥质土基坑时,基坑深度不宜大于 6 m;不宜用在高水位的碎石土、砂土、粉土层中</td></tr>
<tr><td>微型桩垂直复合土钉墙</td><td>适用于地下水位以上或经降水的基坑,用于非软土基坑时,基坑深度不宜大于 12 m; 用于淤泥质土基坑时,基坑深度不宜大于 6 m</td></tr>
<tr><td colspan="2">重力式水泥土墙</td><td>二级
三级</td><td colspan="2">适用于淤泥质土、淤泥基坑,且基坑深度不宜大于 7 m</td></tr>
<tr><td colspan="2">放坡</td><td>三级</td><td colspan="2">1. 施工场地应满足放坡条件。
2. 可与上述支护结构形式结合</td></tr>
</table>

注:①基坑不同部位的周边环境条件、土层性、基坑深度等不同时,可在不同部位分别采用不同的支护形式。
②支护结构上、下部可采用不同结构类型组合的形式。

3.2.1 支挡式结构施工

支挡式结构是以挡土构件和锚杆或支撑为主要构件,或以挡土构件为主要构件的支护结构。支挡式结构的形式有锚拉式结构(图 3.2)、支撑式结构、悬臂式结构、双排桩、逆作法。这里主要介绍排桩施工。

1) 排桩

排桩是指由沿基坑侧壁排列设置的支护桩及冠梁所组成的支挡式结构部件或悬臂式支挡结构。其中,冠梁是设置在挡土构件顶部的钢筋混凝土连梁。

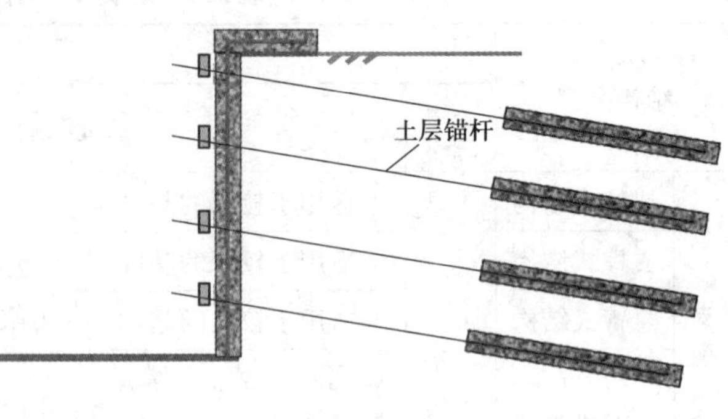

图 3.2　锚拉式结构

2）排桩的桩型

排桩的桩型与成桩工艺应根据桩所穿过土层的性质、地下水条件及基坑周边环境要求等选择，有钢板桩、混凝土灌注桩、型钢桩、钢管桩、型钢水泥土搅拌桩等桩型（图 3.3、图 3.4）。

图 3.3　钢板桩

图 3.4　混凝土灌注桩排桩

3）混凝土灌注桩排桩

①采用混凝土灌注桩时，支护桩桩身混凝土强度等级、钢筋配置和混凝土保护层厚度应符合下列规定：

a. 桩身混凝土强度等级不宜低于 C25;

b. 支护的纵向受力钢筋宜选用 HRB400、HRB335 钢筋;

c. 箍筋可采用螺旋式箍筋,箍筋直径不应小于纵向受力钢筋最大直径的 1/4,且不应小于 6 mm;

d. 箍筋间距宜取 100 ~ 200 mm,且不应大于 400 mm 及柱的直径;

e. 沿桩身配置的加强箍筋应满足钢筋笼起吊、安装要求,宜选用 HPB300、HR335 钢筋,其间距宜取 1 000 ~ 2 000 mm;

f. 纵向受力钢筋的保护层厚度不应小于 35 mm,采用水下灌注混凝土工艺时,不应小于 50 mm。

②支护桩顶部应设置混凝土冠梁。冠梁宽度不宜小于桩径,高度不宜小于桩径的 0.6 倍。

③排桩的桩间土应采取防护措施。桩间土防护措施宜采用内置钢筋网或钢丝网的喷射混凝土面层。喷射混凝土面层厚度不宜小于 50 mm,混凝土强度等级不宜低于 C20,混凝土面层内配置的钢筋网纵、横向间距不宜大于 200 mm。

④排桩施工顺序。排桩墙宜采用间隔成桩的施工顺序。对于混凝土灌注桩,应在混凝土终凝后再进行相邻桩的成孔施工。混凝土灌注桩排桩墙的基本工艺流程如图 3.5 所示。

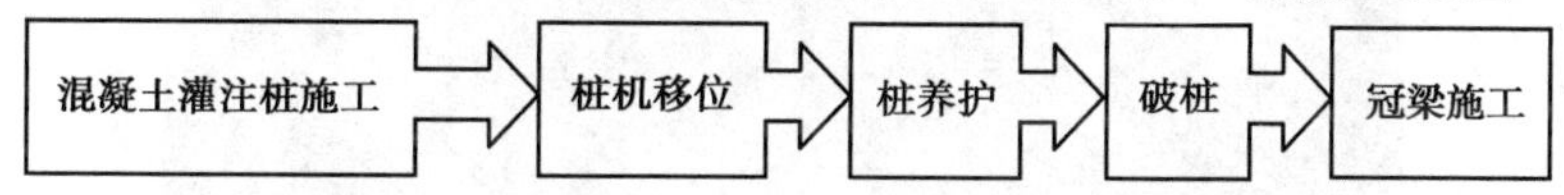

图 3.5　混凝土灌注桩排桩的基本工艺流程图

⑤冠梁施工。冠梁施工时,应将桩顶部的浮浆、低强度混凝土及破碎部分清除。冠梁混凝土浇筑采用土模时,土面应修理整平。

⑥采用混凝土灌注桩时,其质量检测应符合下列规定:

a. 应采用低应变动测法检测桩身完整性,检测桩数不宜少于总桩数的 20%,且不得少于 5 根;

b. 根据低应变动测法判定的桩身完整性为Ⅲ类或Ⅳ类时,应采用钻芯法进行验证,并应扩大低应变动测法检测的数量。

3.2.2　土钉墙支护结构施工

1)土钉

土钉是指设置在基坑侧壁土内的承受拉力与剪力的杆件(图 3.6)。例如,成孔后植入钢筋杆体并通过孔内注浆在杆体周围形成固结体的钢筋土钉,将设有出浆孔的钢管直接击入基坑侧壁土中并在钢管内注浆。

2)土钉墙

土钉墙是指由随基坑开挖而分层设的、纵横向密布的土钉群、喷射混凝土面层及原位土体所组成的支护结构(图 3.7)。

3)复合土钉墙

复合土钉墙是指土钉墙与预应力铺杆、微型桩、旋喷桩、搅拌桩中的一种或多种组成的复合型支护结构。

图 3.6　土钉

图 3.7　土钉墙支护

4) 土钉墙的材料要求

土钉钢筋宜采用 HRB400 级、HRB335 级钢筋，钢筋直径应根据土钉抗拔承载力的设计要求确定，且宜取 16 ~ 32 mm。土钉水平间距和竖向间距宜为 1 ~ 2 m；当基坑较深、土的抗剪强度较低时，土钉间距应取小值。土钉倾角宜为 5° ~ 20°；应沿土钉全长设置对中定位支架，其间距宜取 1.5 ~ 2.5 m；土钉钢筋保护层厚度不宜小于 20 mm。土钉墙高度不大于 12 m 时，喷射混凝土面层的构造要求应符合下列规定：

①喷射混凝土面层厚度宜取 80 ~ 100 mm；

②喷射混凝土设计强度等级不宜低于 C20；

③喷射混凝土面层中应配置钢筋网和通长的加强钢筋，钢筋网宜采用 HPB300 钢筋，钢筋直径宜取 6 ~ 10 mm，钢筋网间距宜取 150 ~ 250 mm。

5) 土钉墙的施工过程

基坑开挖与修坡→定位放线→钻孔(图 3.8)→安设土钉→注浆→铺钢筋网→喷射面层混凝土→土钉现场测试→施工检测。

图 3.8　土钉施工钻孔

6) 土钉墙的施工方法

①基坑开挖和修坡。基坑要按设计要求严格分层、分段开挖，在完成上一层作业面土钉且喷射混凝土面层达到设计要求时，方可进行下一层土层的开挖。坡面经机械开挖后，要采用小型机械或人工进行切削修坡，以使坡度与坡面的平整度达到设计要求。

②钢筋土钉成孔时，应符合下列要求：

a. 土钉成孔范围内存在地下管线等设施时，应在查明其位置并避开后，再进行成孔作业。

b. 应根据土层的性状选择成孔方法。选择的成孔方法应能保证孔壁的稳定性，并减小对孔壁的扰动。

c. 当成孔遇不明障碍物时，应停止成孔作业。在查明障碍物的情况并采取针对性措施后，方可继续成孔。

d. 对易塌孔的松散土层宜采用机械成孔工艺；成孔困难时，可采用注入水泥浆等方法进行护壁。

③钢筋土钉杆体的制作、安装应符合下列要求：

a. 钢筋使用前，应调直并清除污锈。

b. 钢筋需要连接时，宜采用搭接焊、帮条焊；应采用双面焊时，双面焊的搭接长度或帮条长度应不小于主筋直径的 5 倍，焊缝高度不应小于主筋直径的 0.3 倍。

c. 中支架的断面尺寸应符合土钉杆体保护层厚度要求，中支架可选用直径为 6 ~ 8 mm 钢筋焊制。

d. 土钉成孔后应及时插入土钉杆体，遇塌孔、缩径时，在处理后再插入土钉杆体。

④钢筋土钉注浆时应符合下列规定：

a. 注浆材料可选用水泥浆或水泥砂浆。水泥浆的水胶比宜取 0.5 ~ 0.55；水泥砂浆的水胶比宜取 0.40 ~ 0.45，灰砂比宜取 0.5 ~ 1.0。拌和用砂宜选用中粗砂，按质量计的含泥量不得大于 3%。

b. 水泥浆或水泥砂浆应拌和均匀，一次拌和的水泥浆或水泥砂浆应在初凝前使用。

c. 注浆前应将孔内残留的虚土清除干净。

d. 注浆时，宜采用将注浆管与土钉杆体绑扎，同时插入孔内并由孔底注浆的方式。注浆管端部至孔底的距离不宜大于 200 mm；注浆及拔管时，注浆管口应始终埋入注浆液面内，应在新鲜浆液从孔口溢出后停止注浆;注浆后,当浆液液面下降时,应进行补浆。

⑤喷射混凝土面层施工应符合下列规定:

a. 喷射作业应分段依次进行,同一分段内喷射顺序应自下而上均匀喷射,一次喷射厚度宜为 30 ~ 80 mm。

b. 喷射混凝土时,喷头与土钉墙墙面应保持垂直,其距离宜为 0.6 ~ 1.0 m。

c. 喷射混凝土终凝 2 h 后应及时喷水养护。

d. 钢筋与坡面的间隙应大于 20 mm。

e. 钢筋网可采用绑扎固定。钢筋连接宜采用搭接焊,焊缝长度不应小于钢筋直径的 10 倍。

f. 采用双层钢筋网时,第二层钢筋网应在第一层钢筋网被喷射混凝土覆盖后铺设。

7)土钉墙的质量检测

①应对土钉的抗拔承载力进行检测,抗拔试验可采用逐级加荷法;土钉的检测数量不宜少于土钉总数的 1%,且同一土层中的土钉检测数量不应少于 3 根;试验最大荷载不应小于土钉轴向拉力标准值的 1.1 倍;检测土钉按随机抽样的原则选取,并应在土钉固结体强度达到设计强度的 70% 后进行试验。

②土钉墙面层喷射混凝土应进行现场试块强度试验,每 500 m^2 喷射混凝土面积试验数量不应少于 1 组,每组试块不应少于 3 个。

③应对土钉墙的喷射混凝土面层厚度进行检测,每 500 m^2 喷射混凝土面积检测数量不应少于 1 组,每组的检测点不应少于 3 个;全部测点的面层厚度平均值不应小于厚度设计值,最小厚度不应小于厚度设计值的 80%。

3.2.3 基坑支护失效案例(图 3.9)

①2008 年 4 月 1 日,深圳市龙岗区地铁 3 号线荷坳段工地发生坍塌,混凝土倾泻而下,导致 5 人被埋,最终 3 死 2 伤。

②2008 年 1 月 17 日,广州市珠江大桥引桥下的双桥路旁边花圃内的地面突然下陷,事故没有造成人员伤亡。

③2007 年 3 月 28 日,北京地铁 10 号线工程苏州街车站发生塌方事故,6 名施工者被埋。

图 3.9 基坑支护失效案例

思考与练习

1. 何为深基坑?
2. 基坑支护类型有哪些?
3. 基坑支护的目的是什么?

3.3　基坑降水排水

3.3.1　基坑降水排水定义

①地下水控制:为了保护支护结构、基坑开挖、地下结构的正常施工,防止地下水位变化对基坑周边环境产生影响所采用的截水、降水、排水、回灌等措施。

②降水:为了防止地下水通过基坑侧壁与基底流入基坑,用抽水井或渗水井降低基坑内外地下水的方法。

③集水明排:用排水沟、集水井、泄水管、输水管等组成的排水系统将地表水、渗漏水排泄至基坑外的方法。

3.3.2　降水目的

①人工降低地下水位能防止基坑被淹,创造良好的开挖施工条件。

②防止地基被水泡软,降低承载力。

③降低边坡中孔隙水压力,增强边坡的稳定性。

④可使设计边坡坡脚加大,减少挖方工程节约资金。

⑤防止基坑地面隆胀破裂及冒沙突水、淹没基坑等。

目前的基坑降水方法中,截水法和降水法是解决深基坑中降水问题的两种有效措施。其中,基坑降水方法主要有明沟加集水井降水、轻型井点降水、喷射井点降水、电渗井点降水、深井井点降水等。为了保持基坑干燥,防止由于水浸泡发生边坡塌方和地基承载力下降,必须做好基坑的排水、降水工作。常采用的措施是明沟集水井降水法和轻型井点降水法。

3.3.3　集水井降水

集水井降水是指开挖基坑或沟槽过程中,遇到地下水或地表水时,在基础范围以外地下水流的上游,沿坑底的周围开挖排水沟、设置集水井,使水经排水沟流入井内,然后用水泵抽至坑外,如图 3.10 所示。

1) 集水井降水的施工要求

排水沟和集水井应设置在基础范围以外,一般排水沟的横断面不小于 0.5 m×0.5 m,纵向坡度宜为 1% ~2%;集水井每隔 20 ~40 m 设置一个,其直径或宽度一般为 0.6 ~0.8 m,其深度随着挖土的加深而加深,但始终要低于挖土面0.5 m。

基坑挖到设计标高时,应保证地下水位低于基坑底0.5 m,集水井底应低于基坑底1～2 m,并铺设0.3 m厚碎石滤水层,以免抽水时将泥沙抽走,并防止集水井底的土被扰动。

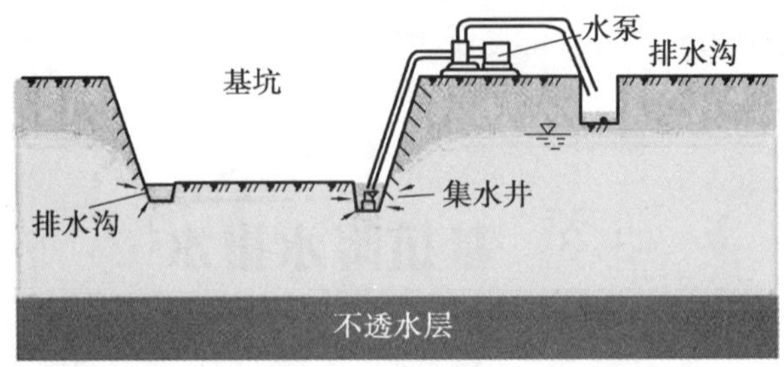

图3.10　集水井降水法

2)流砂的产生及防治

(1)流砂的产生

基坑(槽)挖土至地下水位以下时,土质为细砂或粉砂,若采用集水坑降水,坑底的土就受到动水压力的作用。如果动水压力大于或等于土的浸水重度时,土颗粒就会失去自重而处于悬浮状态,土的抗剪强度等于零,细砂或粉砂就会随着渗流的水一起流动起来,这就是流砂现象(图3.11)。

图3.11　流砂

(2)流砂的防治

主要途径是消除、减少或平衡动水压力。具体措施如下:

①如条件许可,尽量安排枯水期施工,使最高地下水位不高于坑底0.5 m;

②水中挖土时,不抽水或减少抽水,保持坑内水压与地下水压基本平衡;

③采用井点降水法、打板桩法、地下连续墙法以防止流砂产生。

(3)集水井降水的优点

集水井降水施工方便,设备简单,应用较广,可用于各种施工现场和除细砂土以外的各种土质。

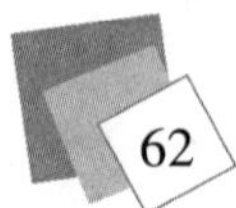

3.3.4　井点降水法

(1)井点降水概念

基坑开挖前,在基坑四周预先埋设一定数量的滤水管(井)。在基坑开挖前和开挖过程中,利用抽水设备不断抽出地下水,使地下水位降到坑底以下,直至土方和基础工程施工结束。

(2)井点降水分类

井点降水可分为两类:一类为轻型井点(包括电渗井与喷射井点);另一类为管井点(深井泵)。各种井点的适用条件如表 3.2 所示。

表 3.2　各种井点的适用条件

井点类型	土的渗透系数/(cm·s^{-1})	降低水位深度/ m
单层轻型井点	10^{-5} ~ 10^{-2}	3 ~ 6
多层轻型井点	10^{-5} ~ 10^{-2}	6 ~ 12(由井点层数决定)
喷射井点	10^{-6} ~ 10^{-3}	8 ~ 20
电渗井点	$<10^{-6}$	宜配合其他形式使用
深井井点	$\geqslant 10^{-5}$	>10

(3)轻型井点设备的组成

轻型井点设备由管路系统和抽水设备组成。管路系统包括滤管、井点管、弯联管及总管等,如图 2.27、图 3.12 所示。

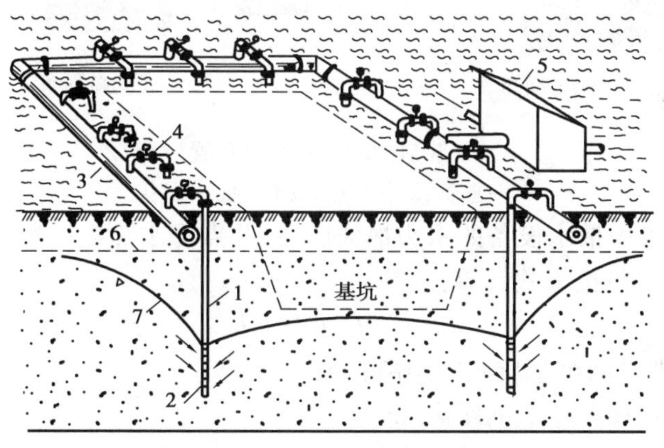

图 3.12　轻型井点降低地下水位
1—井点管;2—滤管;3—总管;4—弯联管;5—水泵房;
6—原有地下水位线;7—降低后地下水位线

(4)轻型井点布置

①平面布置。当基坑或沟槽宽度小于 6 m、水位降低深度不超过 5 m 时,可用单排线状井点布置,在地下水流的上游一侧,两端延伸长度一般不小于沟槽宽度(图 3.13)。如基坑或沟槽宽度大于 6 m 或土质不定,渗透系数较大时,宜采用双排井点;面积较大的基坑宜用环形井

点(图3.14)。

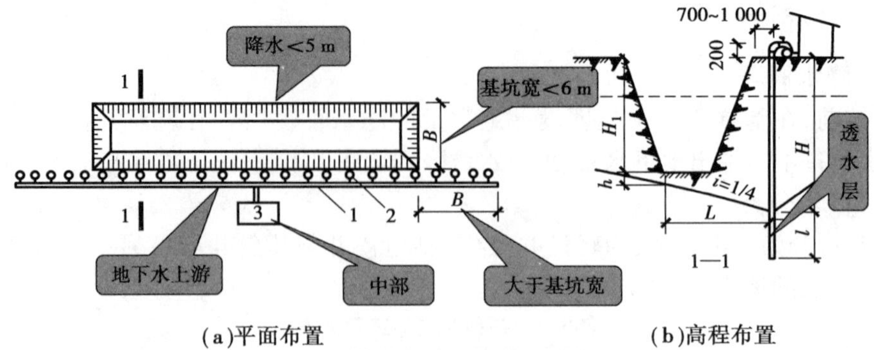

(a)平面布置　(b)高程布置

图3.13　单排井点管布置

1—总管;2—井点管;3—抽水设备

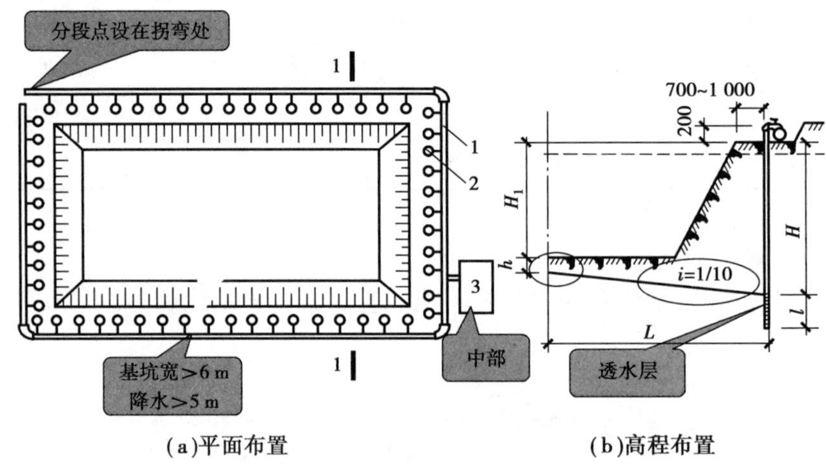

(a)平面布置　(b)高程布置

图3.14　环形井点管布置

1 —总管;2 —井点管;3 —抽水设备

②高程布置。在考虑抽水设备的水头损失以后,井点降水深度一般不超过6 m,井点管的埋设深度H(不包括滤管)按下式计算:

$$H \geqslant H_1 + h + L_i \tag{3.1}$$

式中　H——井点管埋设面至基坑底的距离,m;

H_1——总管埋设面至基底的距离,m;

h——基坑中心处坑底面(单排井点时,为远井点一侧坑底边缘)至降低后地下水位的距离一般为0.5~1.0 m;

i——地下水降落坡度,环状井点为1/10,单排线状井点为1/4;

L——井点管至基坑中心的水平距离,单排井点中为井点管至基坑另一侧的水平距离,m。

(5)轻型井点施工

轻型井点施工分为准备工作及井点系统安装。

①准备工作。准备工作包括井点设备、动力、水泵及必要材料准备,排水沟的开挖,附近建

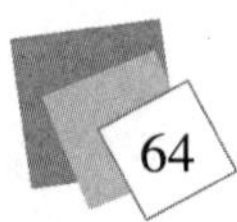

筑物的标高监测以及防止附近建筑沉降的措施等。

②井点系统安装。井点系统的埋设顺序：根据降水方案放线→挖管沟→布设总管→冲孔→下井点管→埋砂滤层→黏土封口→弯联管连井点管与总管→安装抽水设备→试抽。

井点管埋设一般用水冲法施工，分为冲孔和埋管两个过程，如图 3.15 所示。

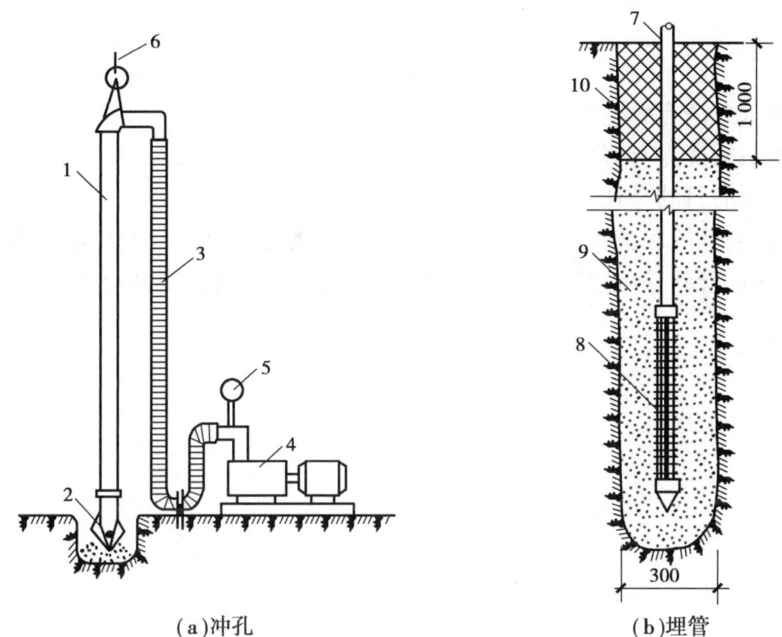

图 3.15　井点管埋设

1—冲管；2—冲嘴；3—橡胶管；4—高压水泵；5—压力表；
6—起重机吊钩；7—共点管；8—滤管；9—填砂；10—黏土封口

(6)施工特点

①施工机具、设备简单，安拆方便、灵活、时间短。

②降水效果好、见效快，缩短降水工期。短时间内能使基底降水区域土体保持干燥，无须另设排水沟、集水井，雨季施工雨水通过基底下渗，通过井点排出。

③降水期间所投入的人力物力少，施工成本较低，可减少基坑开挖边坡坡率，降低基坑开挖土方量。

④在软土路基、地下水较为丰富的地段应用，有明显的施工效果。

⑤对施工环境要求相对较低，施工安全性更高。

⑥井点管拔除后所留空洞后期封堵简单，能有效降低封口成本。

⑦能有效防止流砂发生，提高边坡稳定性，减少基坑边坡支护费用，特别是对易发生流砂、管涌现象的粉砂粉土，采用此方法能有效保证降水质量和施工安全。

⑧采用此施工方法，不破坏原土层结构，加快了土体固结，提高地基承载力，能够有效预防邻近建筑物在降水期间产生不均匀沉降为或地基下陷现象的发生，保证邻近构筑物安全。

3.3.5　其他降水施工规范规定

降水施工过程中，应注意以下事项：

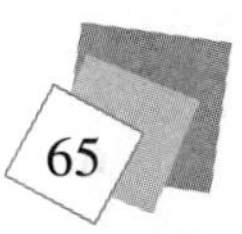

①降水开始前,应完成包括沉淀池在内的排水系统,抽出的地下水应确保不渗漏地排至降水影响范围以外。

②降水过程中,应配备保持连续抽水的备用电源。

③降水结束后,应及时拆除降水系统,并进行回填处理,回填物不得影响地下水水质。

思考与练习

1. 基坑降排水方法有哪些?

2. 井点降水法的优点有哪些?

3. 基坑降排水的目的是什么?

4. 实时训练:某基坑底长 40 m,宽 25 m,深 5 m,边坡坡度为 1∶0.5,水位线在地面下采用轻型井点降水,井点管到基坑边缘的距离按 1 m 考虑。试绘制轻型井点系统 1.5 m 处的平面图和高程布置图。

第 4 章 独立基础施工

4.1 钢筋混凝土独立基础构造

4.1.1 独立基础的概念

长宽比小于 3 且底面积在 20 m^2 以内的基础称为独立基础（独立桩承台）。由于独立基础抗弯、抗剪、抗冲击的能力良好，因此被广泛用于多层框架结构和单层厂房结构中（图 4.1）。

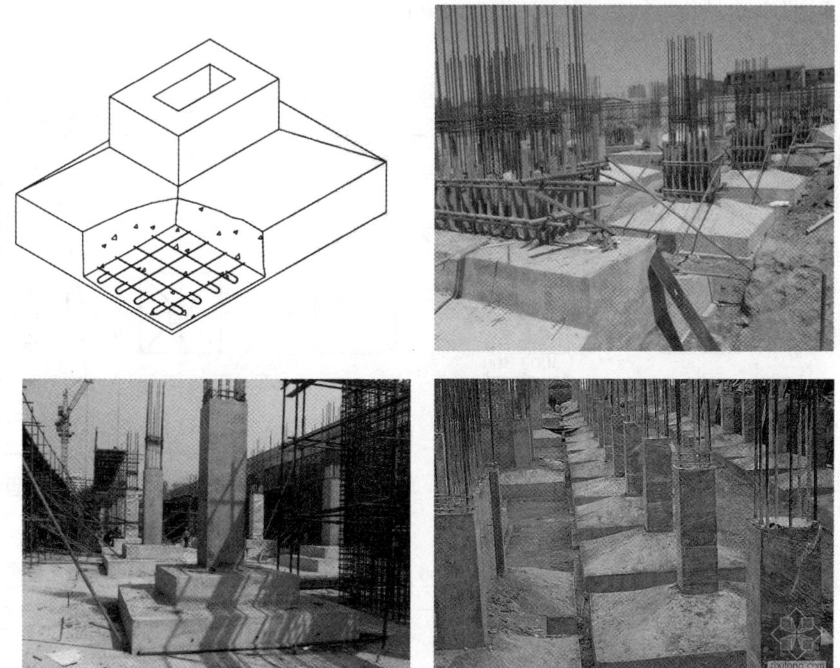

图 4.1 独立基础

4.1.2　独立基础的类别

独立基础一般设在柱下，独立基础有很多形式，一般有阶梯形、锥形、杯形基础等，如图4.2所示。独立基础按受力性能分有中心受压基础和偏心受压基础；按施工方法分有现浇柱基础和预制柱基础。材料通常采用钢筋混凝土、素混凝土等。当柱为现浇时，独立基础与柱子是整体现浇在一起的；当柱为预制时，通常将基础做成杯形，然后将柱子插入，并用细石混凝土嵌固，称为杯形基础。

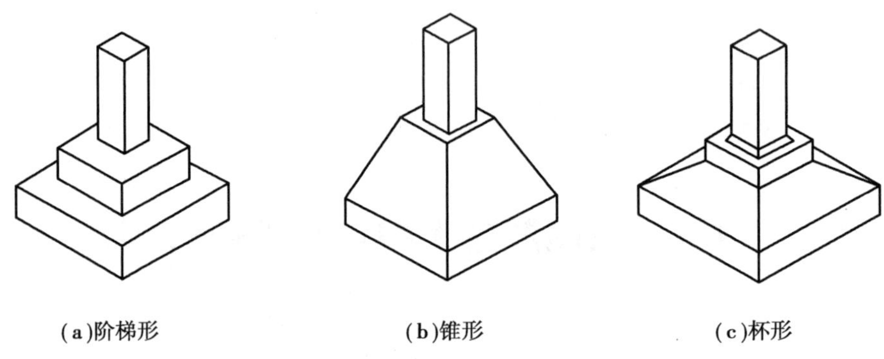

(a)阶梯形　　(b)锥形　　(c)杯形

图4.2　独立基础形式

4.1.3　独立基础的特点

如图4.3、图4.4所示，独立基础具有如下特点：

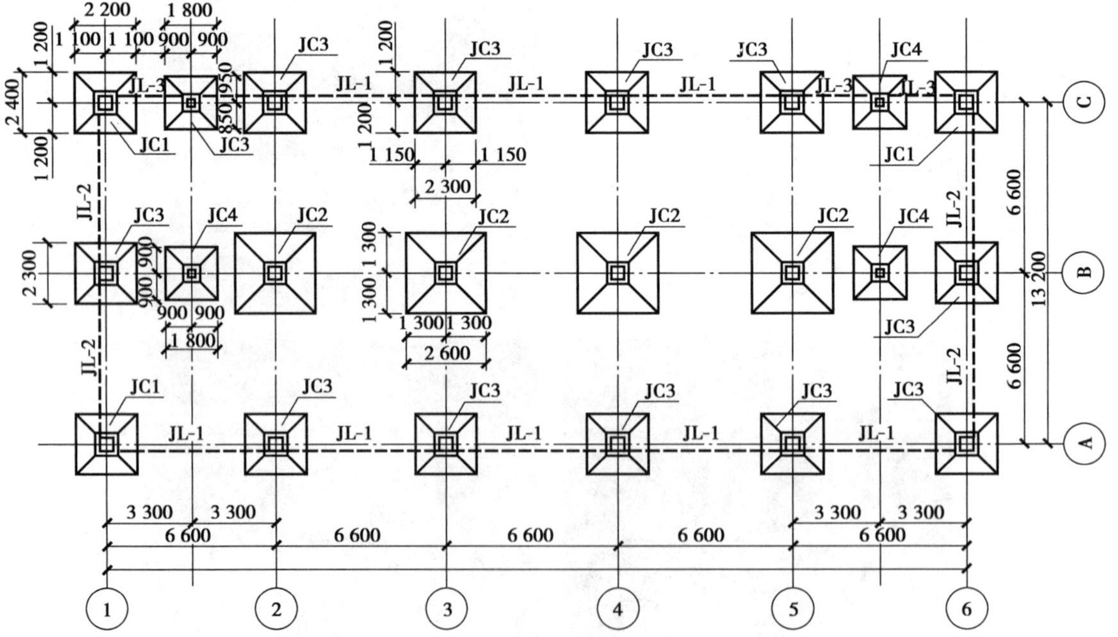

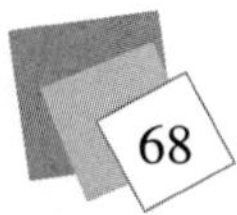

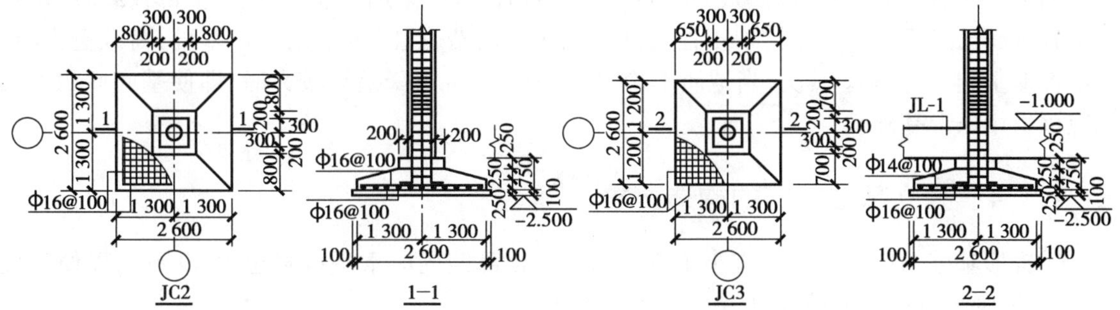

图 4.3　独立基础平面图

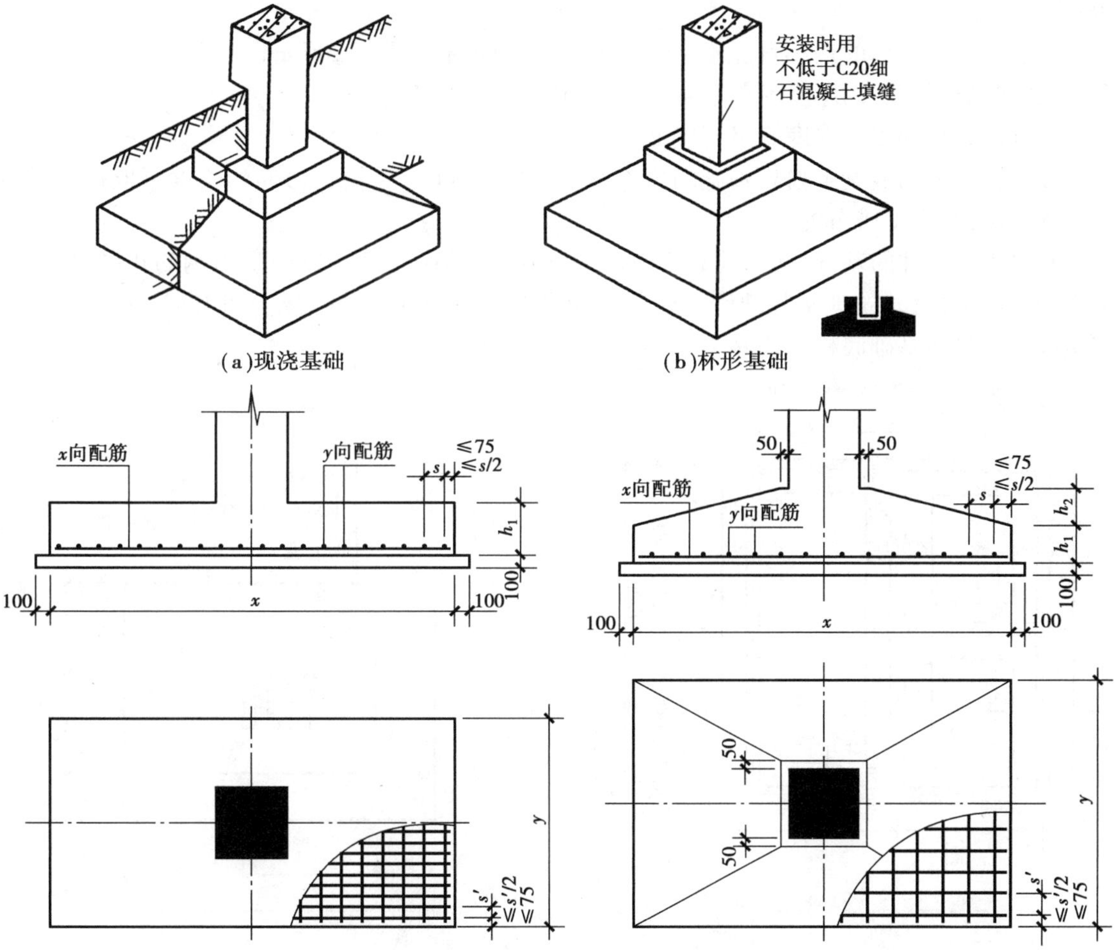

(a)现浇基础　　(b)杯形基础

(c)阶梯形基础　　(d)坡形基础

独立基础DJ_J、DJ_P、BJ_J、BJ_P底板配筋构造

图 4.4　独立基础构造

①一般只坐落在一个十字轴线交点上,有时也和其他条形基础相连,但是截面尺寸和配筋不尽相同。独立基础如果坐落在几个轴线交点上承载几个独立柱,称为联合独立基础。

②基础之内的纵横两方向配筋都是受力钢筋,且长方向的一般布置在下面。

当上部荷载不太大且基础截面积在 4 m^2 左右时，可以采用独立基础；当上部荷载较大，独立基础截面已经超过 4 m^2 时，采用独立基础就比较浪费，此时应采用条形基础；荷载更大时，选用筏形基础、桩基础。其次，当地质不均匀、各独立基础沉降差异较大时，即使基底面积不大也应该采用条形基础。

4.1.4 独立基础配筋的构造要求

①锥形基础的边缘高度不宜小于 200 mm，其顶部四周应水平放宽至少 50 mm，以便于柱子支模；阶梯形基础的每阶高度宜为 300 ~ 500 mm。

②钢筋混凝土基础下通常设素混凝土垫层，垫层高度不宜小于 70 mm，混凝土强度等级应为 C10。

③底板受力钢筋的最小直径不宜小于 10 mm；间距不宜大于 200 mm，也不宜小于100 mm；有垫层时钢筋保护层的厚度不小于 40 mm，无垫层时不小于 70 mm。

④基础底板混凝土强度等级不应低于 C20。

⑤当柱下钢筋混凝土独立基础的边长不小于 2.5 m 时，底板受力筋的长度可取边长或宽度的 0.9 倍，并宜交错布置。

⑥对于现浇柱的基础，其插筋数量、直径及钢筋种类应与柱内纵向受力钢筋相同，插筋的锚固长度应满足《建筑地基基础设计规范》(GB 50007—2011)中的规定(图 4.5)。插筋的下端宜做成直钩放在基础底板钢筋网上。

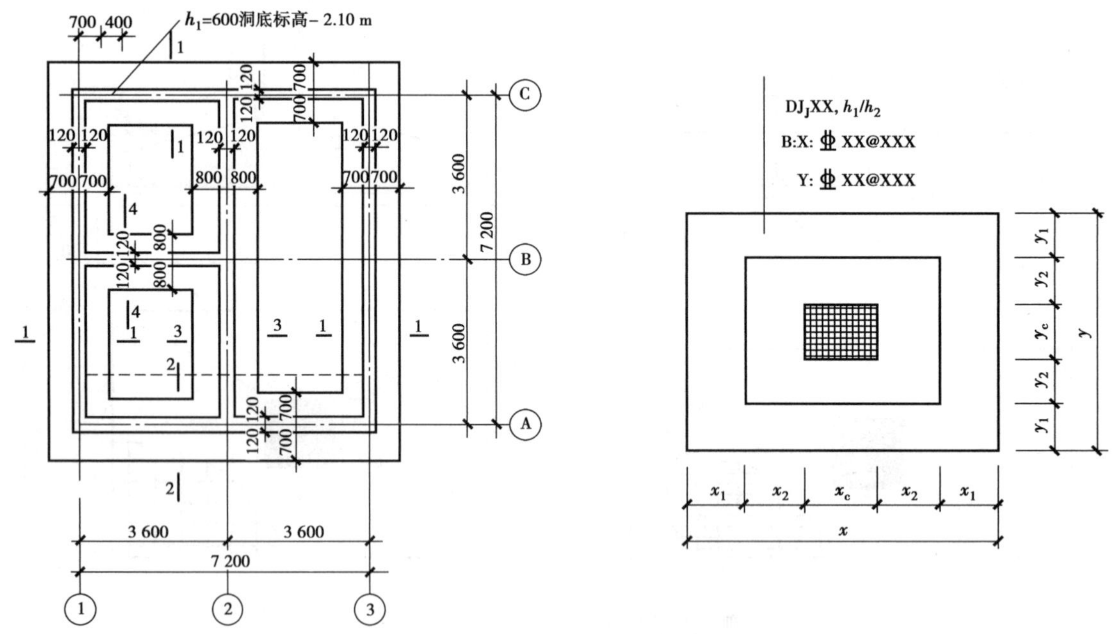

(a)普通独立基础平面注写方式设计表达示意图(单位:mm)

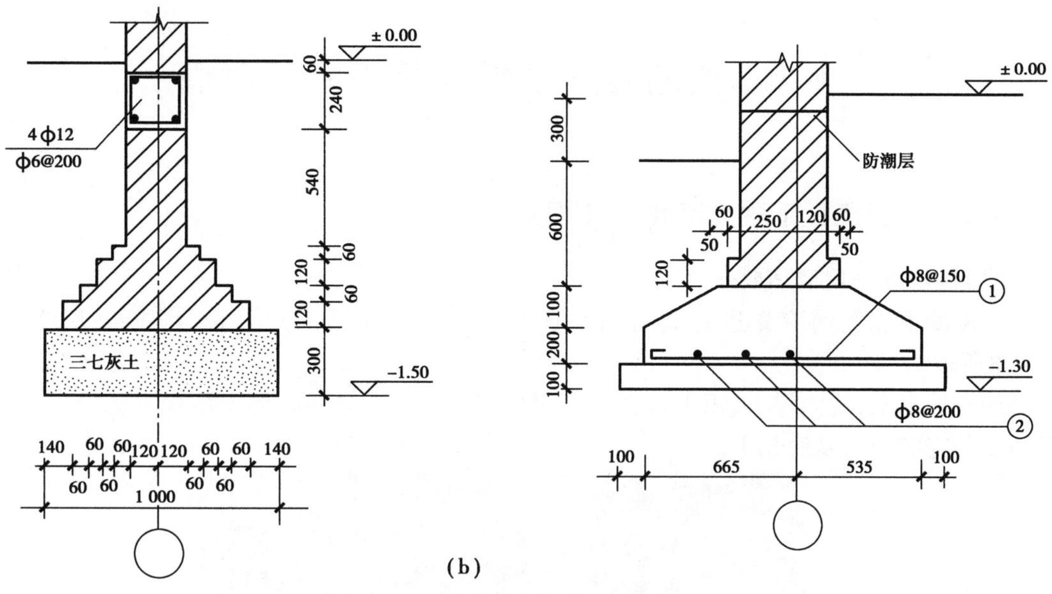

(b)

图 4.5　独立基础构造要求(单位:mm)

4.1.5　钢筋混凝土扩展基础

钢筋混凝土扩展基础是指墙下钢筋混凝土条形基础和柱下钢筋混凝土独立基础。

(1)墙下钢筋混凝土条形基础

如图 4.6 所示,墙下钢筋混凝土条形基础是承重墙基础的主要形式。当上部结构荷载较大而土质较差时,可采用钢筋混凝土建造,其建造形式一般分为无肋式和有肋式。墙下钢筋混凝土条形基础一般做成无肋式;当地基在水平方向上压缩性不均匀时,为了增加基础的整体性,减少不均匀沉降,可做成有肋式。

(2)柱下钢筋混凝土独立基础

如图 4.7 所示,柱下钢筋混凝土独立基础按截面形状可分为锥形和阶梯两种。按施工方法可分为现浇和预制两种。与墙下钢筋混凝土条形基础一样,在进行柱下钢筋混凝土独立基础设计时,一般先由地基承载力确定基础的底面尺寸,然后再进行基础截面的设计和验算。

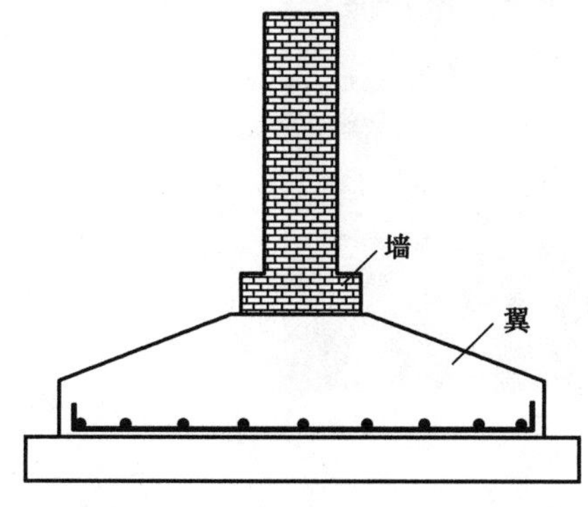

图 4.6　墙下钢筋混凝土条形基础

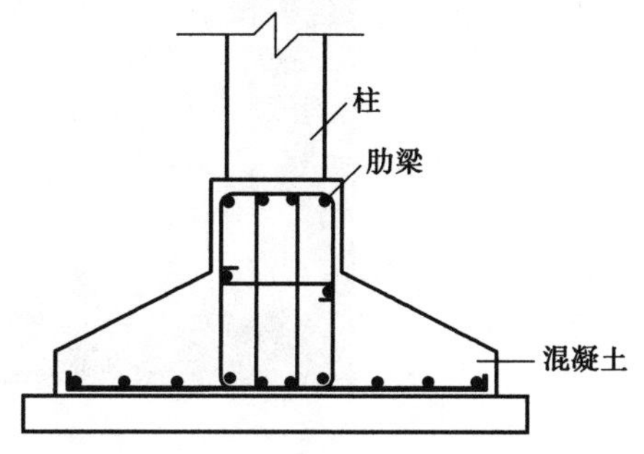

图 4.7　柱下钢筋混凝土独立基础

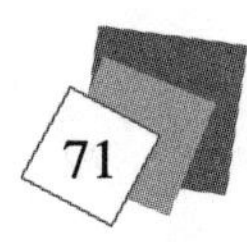

4.2 钢筋混凝土独立基础施工要点

4.2.1 现浇柱下独立基础施工要点

(1)验坑及基坑清理要点

在混凝土浇筑前应先进行验坑,轴线、基坑尺寸和土质应符合设计规定,基坑开挖如图4.8所示。

如有地下水,坑内浮土、积水、淤泥、杂物应清除干净。局部软弱土层应挖去,用灰土或砂砾回填并夯实至与基底相平。

图4.8 基坑开挖

(2)垫层施工要点

在基坑验槽后应立即浇筑垫层混凝土,以保护地基(图4.9)。混凝土宜用表面振动器进行振捣,要求表面平整。

图4.9 垫层

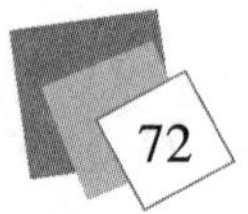

(3)钢筋安装施工要点

①绑扎钢筋时,要严格按照设计图纸要求进行操作,做到规格无误、尺寸合格、位置正确、绑扎牢固。

②铺放钢筋网片时,长边钢筋在下,短边钢筋在上;连接柱的插筋,下端要用90°弯钩与基础钢筋绑扎牢固,按轴线位置校核后用方木架成井字形,将插筋固定在基础外模板上;底部用与混凝土保护层同厚度的水泥砂浆垫块垫塞,以保证钢筋位置正确。

③钢筋绑扎施工完成后,由班组自检、互检,并由项目质量员验收。验收合格后,再同现场监理人员进行验收,并在隐蔽工程验收单上签字后,方可进行下一道工序施工。

④浇筑柱下基础时,应特别注意柱子插筋位置正确,要将插筋固定以保证其位置正确,防止插筋在外力作用下产生位移(图4.10)。浇筑开始时,先满铺一层5~10 cm厚混凝土并捣实,使柱子插筋下段和钢筋网片的位置基本固定,然后对称浇筑。

⑤混凝土浇捣施工时,派专人看管钢筋,随时对钢筋进行纠偏,确保钢筋施工质量。

图4.10 钢筋安装

(4)混凝土施工要点(图4.11)

①混凝土应分层连续进行,间歇时间不超过混凝土初凝时间,一般不超过2 h。为保证钢筋位置正确,先浇筑一层5~10 cm厚混凝土固定钢筋。阶梯形基础按每一台阶高度整体浇捣,每浇完一层台阶停顿0.5 h,待其下沉后再浇筑上一层。

图4.11 独立基础混凝土施工

②浇筑混凝土时，经常观察模板、支架、钢筋、螺栓、预留孔洞和管有无走动情况。一经发现有变形、走动或位移时，立即停止浇筑，并及时修整和加固模板，然后再继续浇筑。

③对于锥形基础，应注意锥体斜面坡度正确。斜面部分的模板应随混凝土浇捣分段支设，并应支撑顶紧，以防模板上浮变形；边角处的混凝土必须注意捣实。严禁斜面部分不支模、只用铁锹拍实。

4.2.2 预制柱杯形基础施工要点

除按上述施工要求外，预制柱杯形基础施工还应注意以下 3 点：

①按台阶分层浇筑混凝土。对高杯形基础的高台阶部分，按整段分层浇筑混凝土。浇筑杯形基础时，应从四侧对称、均匀地进行浇筑，防止将杯形模板挤向一侧，导致杯口变形或位移。

②杯形基础一般在杯底均留有 50 mm 厚细石混凝土找平层，浇筑基础混凝土时要仔细留出。

③浇筑高杯形基础混凝土时，由于其最上一台阶较高，施工不方便，可采用后安装杯形模板的方法施工。也就是说，当混凝土浇捣接近杯口底时，再安装杯形模板，然后浇筑杯口混凝土。

4.2.3 钢筋混凝土独立基础施工步骤及注意事项

独立基础施工工艺流程：验坑及基坑清理→混凝土垫层施工→基础放线→钢筋、模板、混凝土施工→基础养护。

1) 验坑及基坑清理

建筑基坑开挖结束后，需要比较其实际情况和勘测结果，并对基坑开挖的质量进行检验，其具体工作如下：

①对基底的土质类别及状态进行鉴别，判断其是否满足设计要求。

②检查基底是否有不良土质存在，如淤泥、暗河流砂、松土坑及洞穴等。

③检查基底土质是否被扰动。

检验基底质量的同时还应请地勘单位来验槽，包括的资料及内容有工程地质资料、基础工程施工图及有关设计变更、施工组织设计的土方工程施工部分、基坑隐蔽工程记录。

地基验坑完成后，清除表层浮土及扰动土，不留积水。

2) 垫层施工

(1) 垫层放线

根据龙门板上的轴线钉或轴线控制桩和基础平面施工图，用经纬仪或用拉绳挂锤球的方法，把轴线投测到垫层面上，并用墨线弹出中心线和垫层边线，作为垫层施工依据。

(2) 垫层支模

基底处理完毕后，即开始支设垫层模板。垫层设计为 100 mm 厚 C15 素混凝土，侧模可采用 50 mm × 100 mm 方木立放，在接槎处外侧用短方木或木板条连接，转角处应钉斜撑固定。方木外侧用木楔或短钢筋锚入地下加固，间距宜小于 1 500 mm。垫层施工完毕后应对轴线、标高进行复核,并报监理验收,无误后方可进行下一道工序施工。

(3)垫层混凝土浇筑

①混凝土采用商品混凝土并用罐车直接运至现场,由汽车泵进行浇筑。可采用溜槽法,配合手推车将商品混凝土输送至浇筑部位。

②垫层混凝土收面时,应根据木桩拉线控制垫层上表面标高和平整度。首先,根据标高控制铺设混凝土,虚铺厚度应略高于设计标高,跟随振动棒插入振捣。其次,混凝土振捣密实后,按灰饼高度检查标高,然后边铺混凝土边用刮尺刮平。混凝土初凝后终凝前,表面再用木抹子搓平压实。最后用铁抹子压光处理,以此控制平整度。

(4)垫层混凝土养护

混凝土初凝后应采用塑料薄膜覆盖或浇水养护,养护至一定强度后(一般达到设计强度的 70%)方可进行下一道工序施工, 如图 4.12、图 4.13 所示。

图 4.12　混凝土塑料薄膜覆盖养护

图 4.13　混凝土浇水养护

3)基础放线

垫层达到一定强度并验收合格后,在垫层面上弹出基础的定位轴线及基础边线。

4)独立基础施工

(1)钢筋安装施工

绑扎独立基础底部钢筋时,先绑扎底部纵筋,再绑扎底部横筋。受力钢筋一般采用一级钢,钢筋末端弯钩朝上。为保证钢筋位置,可采取临时固定措施。垫层浇筑完成,混凝土强度达到 1.2 MPa 后,表面弹线进行钢筋绑扎。钢筋绑扎不允许漏扣,柱插筋弯钩部分必须与底板钢筋成 45°角绑扎,连接点处必须全部绑扎。

(2)模板施工

上阶模板应搁置在下阶模板上,各阶模板的相对位置要固定牢固,以免浇筑混凝土时模板发生位移。模板采用小钢模或木模,利用架子管或木方加固。阶梯形独立基础根据基础施工图样尺寸制作每一阶梯模板,支模由下至上逐层向上安装。

(3)混凝土施工

浇筑混凝土时,经常观察模板、支架、钢筋、螺栓、预留孔洞和管有无移动情况。一经发现有变形、走动或位移时,立即停止浇筑,并及时修整和加固模板,然后再继续浇筑。

5)基础养护

已浇筑完的混凝土表面先用木杠刮平,再用木搓搓平,最后搓细毛。应在 12 h 左右覆盖一层塑料薄膜,上铺一层草帘或草席,薄膜覆盖必须严密,养护过程中薄膜内应保持有凝结水。

4.3 钢筋混凝土独立基础质量验收

独立基础的施工质量验收主要按照钢筋工程、模板工程、混凝土工程等分项工程进行验收，其质量验收内容具体参考《建筑工程施工质量验收统一标准》(GB 50300—2013)、《建筑地基基础工程施工质量验收规范》(GB 50202—2002)、《混凝土结构工程施工质量验收规范》(GB 50204—2015)、《普通混凝土配合比设计规程》(JGJ 55—2011)、《砌筑砂浆配合比设计规程》(JGJ/T 98—2010)、《普通混凝土用砂、石质量及检验方法标准》(JGJ 52—2006)、《混凝土外加剂应用技术规范》(GB 50119—2013)等现行相关规范。

4.4 钢筋混凝土柱下独立基础施工操作

4.4.1 基槽土方开挖、清理及垫层浇筑混凝土

地基验槽完成后，清除表层浮土及扰动土，不留积水，立即进行垫层混凝土施工。垫层混凝土必须振捣密实，表面平整，严禁晾晒基土。

4.4.2 钢筋工程

垫层浇筑完成后，混凝土达到1.2 MPa后，表面弹线后进行钢筋绑扎。钢筋绑扎不允许漏扣，柱插筋弯钩部分必须与底板钢筋成45°绑扎，连接点处必须全部绑扎。距底板5 cm处绑扎第一个箍筋，距基础顶5 cm处绑扎最后一道箍筋，作为标高控制筋及定位筋。在柱插筋最上部再绑扎一道定位筋，上下箍筋及定位箍筋绑扎完成后将柱插筋调整到位，并用井字木架临时固定。然后绑扎剩余箍筋，保证柱插筋不变形走样。两道定位筋在基础混凝土浇筑完成后，必须进行更换。

钢筋绑扎好后，底面及侧面搁置保护层塑料垫块，厚度为设计保护层厚度，垫块间距不得大于1 000 mm(视设计钢筋直径确定)，以防出现露筋等质量通病。注意对钢筋进行成品保护，不得任意碰撞钢筋，造成钢筋移位。

1)钢筋加工工程

(1)主控项目

①钢筋进场时，应按《钢筋混凝土用热轧带肋钢筋》(GB/T 1499.2—2018)等的规定抽取试件做力学性能检验，其质量必须符合有关标准的规定。

②对有抗震设防要求的框架结构，其纵向受力钢筋的强度应满足设计要求；当设计无具体要求时，对一、二级抗震等级，检验所得的强度实测值应符合下列规定：

a.钢筋的抗拉强度实测值与屈服强度实测值的比值不应小于1.25。

b.钢筋的屈服强度实测值与强度标准值的比值不应大于1.3。

③当发现钢筋脆断、焊接性能不良或力学性能显著不正常等现象时，应对该批钢筋进行化学成分检验或其他专项检验。

④受力钢筋的弯钩和弯折应符合下列规定：

a. HPB235 级钢筋末端应做成 180°弯钩，其弯弧内直径不应小于钢筋直径的 2.5 倍，弯钩的弯后平直部分长度不应小于钢筋直径的 3 倍。

b. 当设计要求钢筋末端需做成 135°弯钩时，HRB335 级、HRB400 级钢筋的弯弧内直径不应小于钢筋直径的 4 倍，弯钩的弯后平直部分长度应符合设计要求。

c. 钢筋做不大于 90°弯折时，弯折处的弯弧内直径不应小于钢筋直径的 5 倍。

⑤除焊接封闭环式箍筋外，箍筋的末端应做弯钩，弯钩形式应符合设计要求。当设计无具体要求时，应符合下列规定：

a. 箍筋弯钩的弯弧内直径除应满足第④条的规定外，尚应不小于受力钢筋直径。

b. 箍筋弯钩的弯折角度：对一般结构，不应小于 90°；对有抗震等要求的结构，应为 135°。

c. 箍筋弯后平直部分长度：对一般结构，不宜小于箍筋直径的 5 倍；对有抗震等要求的结构，不应小于箍筋直径的 10 倍。

（2）一般项目

①钢筋应平直、无损伤，表面不得有裂纹、油污、颗粒状或片状老锈。

②钢筋调直宜采用机械方法，也可采用冷拉方法。当采用冷拉方法调直钢筋时，HPB235 级钢筋的冷拉率不宜大于 4%，HRB335 级、HRB400 级和 RRB400 级钢筋的冷拉率不宜大于 1%。

2）钢筋安装工程

（1）主控项目

①纵向受力钢筋的连接方式应符合设计要求。

②机械连接接头、焊接接头试件应做力学性能检验，其质量应符合有关规程的规定。

③钢筋安装时，受力钢筋的品种、级别、规格和数量必须符合设计要求。

（2）一般项目

①钢筋的接头宜设置在受力较小处。同一纵向受力钢筋不宜设置两个或两个以上接头。接头末端至钢筋弯起点的距离不应小于钢筋直径的 10 倍。

②在施工现场，应按《钢筋机械连接通用技术规程》（JGJ 107—2016）、《钢筋焊接及验收规程》（JGJ 18—2012）的规定对钢筋机械连接接头、焊接接头的外观进行检查，其质量应符合有关规程的规定。

③当受力钢筋采用机械连接接头或焊接接头时，设置在同一构件内的接头宜相互错开。纵向受力钢筋机械连接接头及焊接接头连接区段的长度为 35 d（d 为纵向受力钢筋的较大直径）且不小于 500 mm。凡接头中点位于该连接区段长度内的接头均属于同一连接区段。同一连接区段内，纵向受力钢筋机械连接及焊接的接头面积百分率为该区段内有接头的纵向受力钢筋截面面积与全部纵向受力钢筋截面面积的比值。

同一连接区段内，纵向受力钢筋的接头面积百分率应符合设计要求；当设计无具体要求时，应符合下列规定：

a. 在受拉区不宜大于 50%。

b. 接头不宜设置在有抗震设防要求的框架梁端、柱端的箍筋加密区；当无法避开时，对等强度高质量机械连接接头，不应大于 50%。

c. 直接承受动力荷载的结构构件中，不宜采用焊接接头；当采用机械连接接头时，不应大于 50%。

④同一构件中相邻纵向受力钢筋的绑扎搭接接头宜相互错开。绑扎搭接接头中，钢筋的横向净距不应小于钢筋直径，且不应小于 25 mm。

钢筋绑扎搭接接头连接区段的长度为 1.3 L（L 为搭接长度），凡搭接接头中点位于该连接区段长度内的搭接接头均属于同一连接区段。同一连接区段内，纵向钢筋搭接接头面积百分率为该区段内有搭接接头的纵向受力钢筋截面面积与全部纵向受力钢筋截面面积的比值。同一连接区段内，纵向受拉钢筋搭接接头面积百分率应符合设计要求；当设计无具体要求时，应符合下列规定：

a. 对梁类、板类及墙类构件，不宜大于 25%。

b. 对柱类构件，不宜大于 50%。

c. 当工程中确有必要增大接头面积百分率时，对梁类构件，不应大于 50%；对其他构件，可根据实际情况放宽。

根据《混凝土结构设计规范》（GB 50010—2010）的规定，绑扎搭接受力钢筋的最小搭接长度应结合钢筋强度、外形、直径及混凝土强度等指标经计算确定，并根据钢筋搭接接头面积百分率等进行修正。为了便于施工及验收，规范给出了确定纵向受拉钢筋最小搭接长度的方法和受拉钢筋搭接长度的最低限值，同时也确定了纵向受压钢筋最小搭接长度的方法和受压钢筋搭接长度的最低限值。

⑤在梁、柱类构件的纵向受力钢筋搭接长度范围内，应按设计要求配置箍筋。当设计无具体要求时，应符合下列规定：

a. 箍筋直径不应小于搭接钢筋较大直径的 0.25 倍。

b. 受拉搭接区段的箍筋间距不应大于搭接钢筋 + 较小直径的 5 倍，且不应大于 100 mm。

c. 受压搭接区段的箍筋间距不应大于搭接钢筋较小直径的 10 倍，且不应大于 200 mm。

d. 当柱中纵向受力钢筋直径大于 25 mm 时，应在搭接接头两个端面外 100 mm 范围内各设置两个箍筋，其间距宜为 50 mm。

4.4.3 模板安装

钢筋绑扎及相关专业施工完成后立即进行模板安装。模板采用小钢模或木模，利用架子管或木方加固。锥形基础坡度大于 30°时，采用斜模板支护，利用螺栓与底板钢筋拉紧，防止上浮，模板上部设透气及振捣孔；坡度不大于 30°时，利用钢丝网（间距 30 cm）防止混凝土下坠，上口设井子木控制钢筋位置。不得用重物冲击模板，不准在掉帮的模板上搭设脚手架，保证模板的牢固和严密。

1）模板安装工程

（1）主控项目

①安装现浇结构的上层模板及其支架时，下层楼板应具有承受上层荷载的承载能力；上、

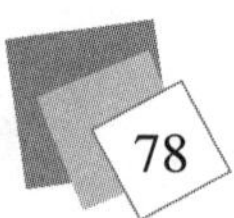

下层支架的立柱应对准,并铺设垫板。

②涂刷模板隔离剂时,不得污染钢筋和混凝土接槎处。

(2)一般项目

①模板安装应满足下列要求:

a. 模板的接缝不应漏浆;浇筑混凝土前,木模板应浇水湿润,但模板内不应有积水。

b. 模板与混凝土的接触面应清理干净并涂刷隔离剂,但不得采用影响结构性能或妨碍装饰工程施工的隔离剂。

c. 浇筑混凝土前,模板内的杂物应清理干净。

d. 对清水混凝土工程及装饰混凝土工程,应使用能达到设计效果的模板。

②用作模板的地坪、胎模等应平整光洁,不得产生影响构件质量的下沉、裂缝、起砂或起鼓。

③对跨度不小于 4 m 的现浇钢筋混凝土梁、板,其模板应按设计要求起拱。当设计无具体要求时,起拱高度宜为跨度的 1/1 000 ~ 3/1 000。

2)模板拆除工程

侧面模板在混凝土强度能保证其棱角不因拆模板而受损坏时方可拆模,拆模前设专人检查混凝土强度。拆除时采用撬棍从一侧顺序拆除,不得采用大锤砸或撬棍乱撬,以免造成混凝土棱角破坏。

(1)主控项目

①底模及其支架拆除时,混凝土强度应符合设计要求;当设计无具体要求时,混凝土强度应符合有关规范的规定。

②对后张法应力混凝土结构构件,侧模宜在预应力筋张拉前拆除;底模支架拆除应按施工技术方案执行。当无具体要求时,不应在结构构件建立预应力前拆除。

③后浇带模板的拆除和支顶应按施工技术方案执行。

(2)一般项目

①侧模拆除时,混凝土强度应能保证其表面及棱角不受损伤。

②模板拆除时,不应对楼层形成冲击荷载。拆除的模板和支架宜分散堆放并及时清运。

4.4.4　混凝土工程施工要点

(1)混凝土现场搅拌

①每次浇筑混凝土前 1.5 h 左右,由土建工长或混凝土工长填写“混凝土浇筑申请书”,一式 3 份。施工技术负责人签字后,土建工长留一份,交试验员一份,交资料员一份归档。

②试验员依据“混凝土浇筑申请书”填写有关资料。做砂石含水率试验。调整混凝土配合比中的材料用量,换算每盘的材料用量,写配合比板,经施工技术负责人校核后,挂在搅拌机旁醒目处。

③材料用量、投放:水、水泥、外加剂、掺合料的计量误差为 ±2%,砂石料的计量误差为 ±3%。投料顺序为:石子→水泥→外加剂粉剂→掺合料→砂子→水→外加剂液剂。

④搅拌时间:对于强制式搅拌机,不掺外加剂时,不少于 90 s,掺外加剂时,不少于 120 s;

对于自落式搅拌机,在强制式搅拌机搅拌时间的基础上增加 30 s。

⑤当一个配合比第一次使用时,应由施工技术负责人主持,做混凝土开盘鉴定。如果混凝土和易性不好,可以在维持水灰比不变的前提下,适当调整砂率、水及水泥量,至和易性良好为止。

(2)混凝土浇筑

混凝土应分层连续进行,间歇时间不超过混凝土初凝时间,一般不超过 2 h。为保证钢筋位置正确,先浇筑一层 5 ~ 10 cm 厚混凝土固定钢筋。台阶形基础按每一台阶高度整体浇筑,每浇筑完一台阶停顿 0.5 h,待其下沉再浇筑上一层。分层下料时,控制每层厚度为振捣棒的有效振动长度,防止由于下料过厚、振捣不实或漏振、掉帮的根部砂浆涌出等原因造成蜂窝、麻面或孔洞。

(3)混凝土振捣

采用插入式振捣棒,插入的间距不大于作用半径的 1.5 倍。上层振捣棒插入下层 3 ~ 5 cm。尽量避免碰撞预埋件、预埋螺栓,防止预埋件发生移位。

(4)混凝土找平

混凝土浇筑后,使用平板振捣器将表面比较大的混凝土振捣一遍,然后用刮杠刮平,再用木抹子搓平。收面前必须校核混凝土表面标高,不符合要求处应立即整改。

浇筑混凝土时,经常观察模板、支架、钢筋、螺栓、预留孔洞和管有无移动情况。一经发现有变形、移动或位移时,立即停止浇筑,并及时修整和加固模板,然后再继续浇筑。

(5)混凝土养护

已浇筑完的混凝土应在 12 h 左右覆盖和浇水。一般常温养护不得少于 7 d,特种混凝土养护不得少于 14 d。养护设专人检查落实,防止由于养护不及时,造成混凝土表面裂缝。

4.4.5 混凝土原材料及配合比设计

(1)主控项目

①水泥进场时,应对其品种、级别、包装或散装仓号、出厂日期等进行检查,并应对其强度、安定性及其他必要的性能指标进行复验,其质量必须符合现行国家标准《通用硅酸盐水泥》(GB 175—2007)的规定。当在使用中对水泥质量有怀疑或水泥出厂超过 3 个月(快硬硅酸盐水泥超过 1 个月)时,应进行复验,并按复验结果使用。钢筋混凝土结构、预应力混凝土结构中,严禁使用含氯化物的水泥。

②混凝土中掺用外加剂的质量及应用技术应符合现行国家标准《混凝土外加剂》(GB 8076—2008)、《混凝土外加剂应用技术规范》(GB 50119—2013)等和有关环境保护的规定。

预应力混凝土结构中,严禁使用含氯化物的外加剂。钢筋混凝土结构中,当使用含氯化物的外加剂时,混凝土中氯化物的总含量应符合现行国家标准《混凝土质量控制标准》(GB 50164—2011)的规定。

③混凝土中氯化物和碱的总含量应符合现行国家标准《混凝土结构设计规范》(GB 50010—2010)和设计的要求。

④混凝土应按国家现行标准《普通混凝土配合比设计规程》(JGJ 55—2011)的有关规定,根据混凝土强度等级、耐久性和工作性能等要求进行配合比设计。

对有特殊要求的混凝土,其配合比设计尚应符合国家现行有关标准的专门规定。

(2)一般项目

①混凝土中掺用矿物掺合料的质量应符合现行国家标准《用于水泥和混凝土中的粉煤灰》(GB/T 1596—2017)等的规定。矿物掺合料的掺量应通过试验确定。

②普通混凝土所用的粗、细骨料的质量应符合国家现行标准《普通混凝土用碎石或卵石质量标准及检验方法》(JGJ 53—92)、《普通混凝土用砂质量标准及检验方法》(JGJ 52—92)的规定。

③拌制混凝土宜采用饮用水。当采用其他水源时,水质应符合国家现行标准《混凝土拌合用水标准》(JGJ 63—2006)的规定。

④首次使用的混凝土配合比应进行开盘鉴定,其工作性能应满足设计配合比的要求。开始生产时应至少留置一组标准养护试件,作为验证配合比的依据。

⑤混凝土拌制前,应测定砂、石含水率并根据测试结果调整材料用量,提出施工配合比。

4.4.6　混凝土施工工程

(1)主控项目

混凝土运输、浇筑及间歇的全部时间不应超过混凝土的初凝时间。同一施工段的混凝土应连续浇筑,并应在底层混凝土初凝前将上一层混凝土浇筑完毕。

当底层混凝土初凝后浇筑上一层混凝土时,应按施工技术方案中对施工缝的要求进行处理。

(2)一般项目

①施工缝的位置应在混凝土浇筑前按设计要求和施工技术方案确定。施工缝的处理应按施工技术方案执行。

②后浇带的留置位置应按设计要求和施工技术方案确定。后浇带混凝土浇筑应按施工技术方案进行。

③混凝土浇筑完毕后,应按施工技术方案及时采取有效的养护措施,并应符合下列规定:

a. 应在浇筑完毕后的 12 h 以内对混凝土加以覆盖并保湿养护。

b. 对采用硅酸盐水泥、普通硅酸盐水泥或矿渣硅酸盐水泥拌制的混凝土,养护时间不得少于 7 d;对掺用缓凝型外加剂或有抗渗要求的混凝土,养护时间不得少于 14 d。

c. 浇水次数应能保持混凝土处于湿润状态,混凝土养护用水应与拌制用水相同。

d. 采用塑料布覆盖养护的混凝土,其敞露的全部表面应覆盖严密,并应保持塑料布内有凝结水。

e. 混凝土强度达到 1.2 MPa 前,不得在其上踩踏或安装模板及支架。

④施工注意事项如下:

a. 当日平均气温低于 5 ℃时,不得浇水。

b. 当采用其他品种水泥时,混凝土的养护时间应根据所采用水泥的技术性能确定。

c. 混凝土表面不便于浇水或使用塑料布时,宜涂刷养护剂。

d. 对大体积混凝土的养护,应根据气候条件按施工技术方案采取控温措施。

4.4.7 现浇结构外观尺寸偏差检验批

(1)主控项目

①现浇结构的外观质量不应有严重缺陷。对已经出现的严重缺陷,应由施工单位提出技术处理方案,并经监理(建设)单位认可后进行处理。对经过处理的部位,应重新检查验收。

②现浇结构不应有影响结构性能和使用功能的尺寸偏差。混凝土设备基础不应有影响结构性能和设备安装的尺寸偏差。对超过尺寸允许偏差且影响结构性能和安装、使用功能的部位,应由施工单位提出技术处理方案,并经监理(建设)单位认可后进行处理。对经过处理的部位,应重新检查验收。

(2)一般项目

①现浇结构的外观质量不宜有一般缺陷。

②对已经出现的一般缺陷,应由施工单位按技术处理方案进行处理,并重新检查验收。

4.4.8 混凝土浇筑要求

①混凝土浇筑前应清除模板内的木屑、泥土等杂物,木模浇水湿润。堵严板缝及孔洞。

②为保证柱插筋位置准确,防止位移和倾斜,浇筑时先浇筑一层5~10 cm厚混凝土并捣实,使柱子插筋下端与钢筋网片的位置基本固定,然后再继续对称浇筑,并避免碰撞钢筋。

③混凝土浇筑高度如果超过2 m,应使用串筒、溜槽下料,以防止混凝土离析。

④混凝土浇筑应分层连续进行,相邻两层混凝土浇筑间歇时间不超过混凝土初凝时间,一般不超过2 h。台阶形基础按每一台阶高度整体浇捣,每浇筑一台阶停顿0.5 h,待其下沉后再浇筑上一层。

⑤混凝土振捣采用插入式振捣棒,插入的间距不大于振捣棒作用部分长度的1.25倍,振捣棒移动间距不大于作用半径的1.5倍;上层振捣棒插入下层3~5 cm,尽量避免碰撞预埋件、预埋螺栓,防止预埋件移位,防止由于下料过厚、振捣不实或漏振、漏浆等原因造成蜂窝、麻面或孔洞。

⑥浇筑混凝土时,经常观察模板、支架、钢筋、螺栓、预留孔洞和管道有无移动情况。一经发现有变形、移动或位移时,立即停止浇筑,并及时修整和加固模板,然后再继续浇筑。

⑦对于大面积混凝土,应在其浇筑后再使用平板振捣器拖振一遍,然后用刮杠刮平,再用木抹子搓平;收面前应校核混凝土表面标高,不符合要求立即整改。

⑧混凝土养护。已浇筑完的混凝土应在12 h左右覆盖和浇水。一般常温养护不得少于7 d,特种混凝土养护不得少于14 d。养护由专人检查落实,防止由于养护不及时,造成混凝土表面裂缝。

⑨模板拆除。侧面模板在混凝土强度能保证其棱角不因拆除模板而受损坏时方可拆除。拆模前由专人检查混凝土强度,拆除时采用撬棍从一侧按顺序拆除,不得采用大锤砸或撬棍乱橇,以免造成混凝土棱角破坏。

⑩浇筑混凝土所用水泥、外加剂的质量必须符合施工质量验收规范和现行国家标准的规定,并有出厂合格证和试验报告。

⑪混凝土配合比设计,原材料计算、搅拌、养护和施工渣处理必须符合施工质量验规范及国家现行有关规程的规定。

⑫混凝土应按《混凝土强度检验评定标准》(GB/T 50107—2010)的规定取样、制作、养护和试验试块,其强度必须符合设计要求。

思考与练习

1. 什么是独立基础?
2. 独立基础的构造是什么?
3. 独立基础的验收标准是什么?
4. 绘制独立基础的配筋图。

第 5 章　桩基础施工

5.1　桩基础

5.1.1　桩基础的概念

桩基础是通过承台把若干根桩的顶部联结成整体,共同承受动静荷载的一种深基础。桩是设置于土中的竖直或倾斜的基础构件,其作用是穿越软弱的高压缩性土层或水,将桩所承受的荷载传递到更硬、更密实或压缩性较小的地基持力层上。通常将桩基础中的桩称为基桩。

桩基础是由基桩和连接于桩顶的承台共同组成的深基础,简称“桩基”。

5.1.2　桩基础的分类

1) 按受力原理分类

按照基础的受力原理,桩基础大致可以分为摩擦桩和端承桩，如图 5.1 所示。

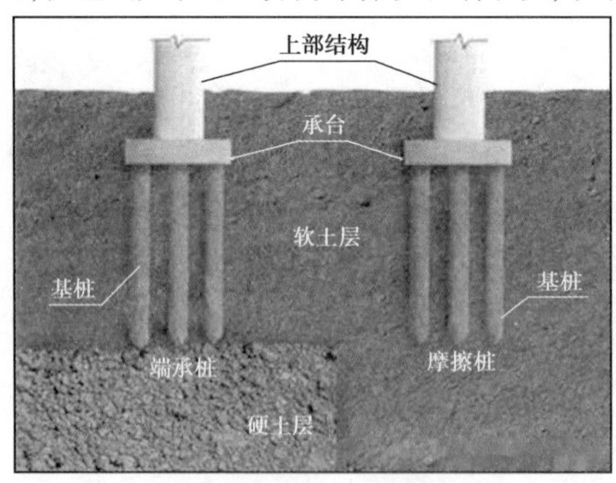

图 5.1　端承桩与摩擦桩

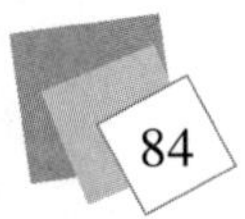

(1)摩擦桩

摩擦桩利用地层与基础的摩擦力来承载构造物,可分为压力桩及拉力桩,多用于无坚硬地层的承载层或承载层较深的情况。

(2)端承桩

端承桩使基桩坐落于承载层上(岩盘上),使之可以承载构造物。

2)按施工方式分类

按照施工方式,桩基础可分为预制桩和灌注桩。

(1)预制桩

将工厂或施工现场制成的各种材料、各种形式的桩,如木桩、混凝土方桩、预应力混凝土管桩、钢桩等,用沉桩设备将桩打入、压入或振入土中。常用的预制桩有混凝土实心桩和预应力混凝土管桩,如图 5.2 所示。

(a)混凝土实心桩

(b)预应力混凝土管桩

图 5.2　钢筋混凝土预制桩

混凝土实心桩的断面常为 250 ~ 550 mm 方形,一般在施工现场预制,单根桩的最大长度取决于打桩架的高度,长度不宜超过 30 m。打 30 m 以上的桩需要考虑接桩,整体分段预制,打桩过程中逐段接长。

预应力混凝土管桩的断面一般为外径 400 ~ 500 mm 空心圆柱形,壁厚 80 ~ 100 mm,在工厂采用离心法制成,分节长度为 8 ~ 10 m,采用法兰连接。管桩多采用先张法预应力工艺。

(2)灌注桩

首先在施工场地上钻孔,达到所需深度后将钢筋笼放入并浇筑混凝土,如图 5.3 所示。

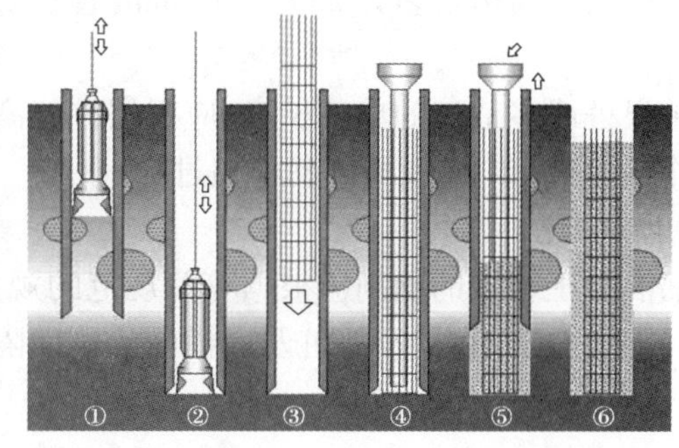

图 5.3　钢筋混凝土灌注桩

5.2 预制桩的制作、吊装、运输、堆放

5.2.1 预制桩的制作

钢桩多在工厂制作，混凝土桩可在预制厂也可在现场制作。在预制厂制作时，每节桩长不超过 12 m，现场可达 30 m；多为叠浇生产，重叠不宜超过 4 层，层与层之间刷隔离剂；浇筑上层桩混凝土，必须在下层桩混凝土达到设计强度等级的 30% 后进行。

混凝土预应力管桩则均在工厂中以离心法生产，采用先张法工艺加预应力制成。混凝土管桩主要有预应力混凝土薄壁管桩（PTC）、预应力混凝土管桩（PC）和预应力高强混凝土管桩（PHC）3 类。

（1）构造要求

①预制桩的混凝土强度等级不宜低于 C30，预应力桩的混凝土强度等级不宜低于 C40。

②桩的纵向钢筋配筋率：锤击沉桩不宜小于 0.8%，静力压桩不宜小于 0.6%；桩顶范围内的箍筋应加密，并设置钢筋网片；主筋位置必须正确，保护层不得过厚。

③钢筋骨架的主筋连接宜采用对焊，接头错开。主筋接头配置在同一截面内数量不超过 50%；同一根钢筋两个接头的距离应大于 $35d$，且不小于 500 mm。桩顶和桩尖直接受到冲击力易产生很高的局部应力，桩顶和桩尖钢筋配置应做特殊处理。

（2）预制要求

①场地应平整、坚实，不得产生不均匀沉降。

②方桩预制采用间隔重叠法，叠浇层数不大于 4 层，上下层及邻桩之间应做好隔离层。浇筑混凝土应待下层或邻桩设计强度达到 30% 以上方可进行。

③混凝土由桩顶至桩尖连续浇筑，严禁中断，养护时间不少于 7 d。

④桩顶应制作平整。

⑤单根桩预制最大长度不超过 30 m。30 m 以上的桩应整体分段预制，打桩过程中逐段接长，每根桩的接头数量不超过 3 个。整体分段即预制桩整体支模，纵向主筋先通长铺设，再在分段处切断。

⑥方桩的截面边长多为 250 ~ 550 mm；管桩直径一般为 300 ~ 1 000 mm，常用的为 400 ~ 600 mm。

⑦单根桩或多节桩的单节长度，应根据桩架高度、制作条件、运输能力等确定。对于方桩，工厂制作不超过 12 m，现场预制不超过 30 m。

（3）预制方法

钢筋混凝土管桩的预制应根据有关规范的规定进行，其生产工艺流程如图 5.4 所示。一般采用间隔重叠法，在桩及邻桩及底模间涂刷间隔剂。桩的重叠层数一般不宜超过 4 层。

(a)钢筋骨架成型　(b)钢筋骨架入模

(c)混凝土入模　(d)封模、张拉

(e)高速离心成型　(f)常压蒸养

(g)放张-脱模　(h)高压蒸养

(i)成品堆放

图 5.4　管桩的生产工艺流程

5.2.2　预制桩的吊装

预制桩的混凝土强度达到设计强度等级的70%方可起吊。吊点按照起吊后桩的正、负弯矩基本相等的原则进行设置。吊点应设置在设计规定之处;设计无规定时,应按吊桩弯矩最小的原则确定吊点位置,如图5.5所示。

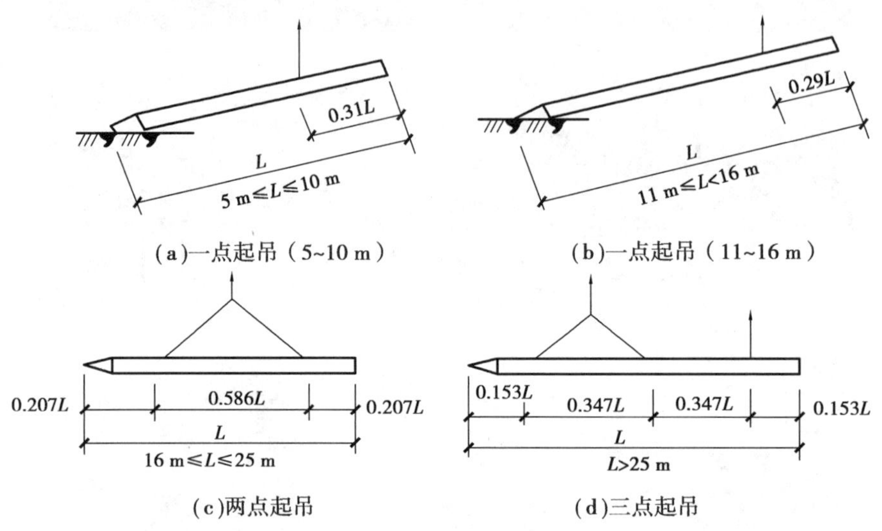

图5.5　预制桩的吊点位置

单节长度在15 m内的管桩采用专用吊钩勾住桩两端内壁直接进行水平起吊,吊扣的水平夹角不宜小于60°(图5.6)。

图5.6　预制桩的吊装

5.2.3　预制桩的运输

桩身混凝土强度达到设计强度等级的100%方可进行运输。运输过程中应轻吊轻放,避免剧烈碰撞,桩身要平稳放置,如图5.7所示。打桩时,桩宜随打随运,避免二次搬运。

图 5.7　预制桩的运输

5.2.4　预制桩的堆放

桩堆放的场地须平整坚实，垫木间距应与吊点位置相同，各层垫木应在同一垂直面上，如图 5.8 所示。

方桩堆放层数不超过 4 层；管桩直径为 500～600 mm 时不超过 4 层，直径为 300～400 mm 时不超过 5 层，不同规格的桩应分别堆放，如图 5.9 所示。运桩和堆放的桩尖方向应符合起吊的要求，以免临时需要再将桩调头。

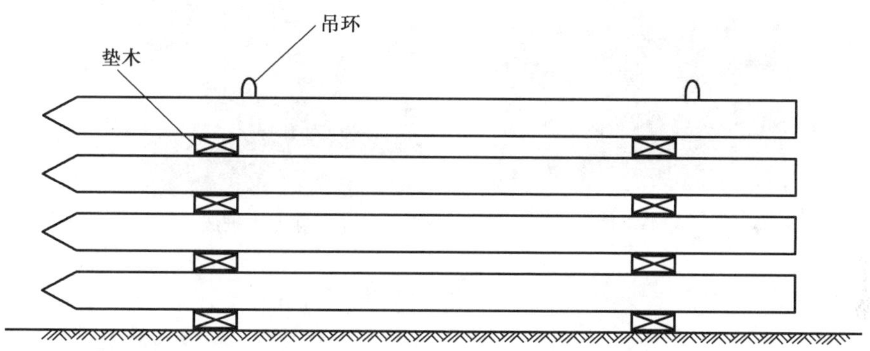

图 5.8　预制桩的堆放

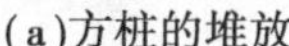

(a)方桩的堆放

(b)管桩的堆放

图 5.9　方桩、管桩的堆放

5.3 打桩施工

5.3.1 预制桩的沉桩方法

预制桩的沉桩方法有锤击法、静力压桩法、振动沉桩法和水冲法等。

1)锤击法

锤击法沉桩是通过锤击将预制桩沉入地基,如图5.10(a)所示。这种施工方法适用于桩径较小(一般桩径0.6 m以下),地基土质为可塑性黏性土、砂性土、粉土、细砂以及松散的碎卵石类土的情况。

(a)锤击法

(b)静力压桩法

(c)振动沉桩法

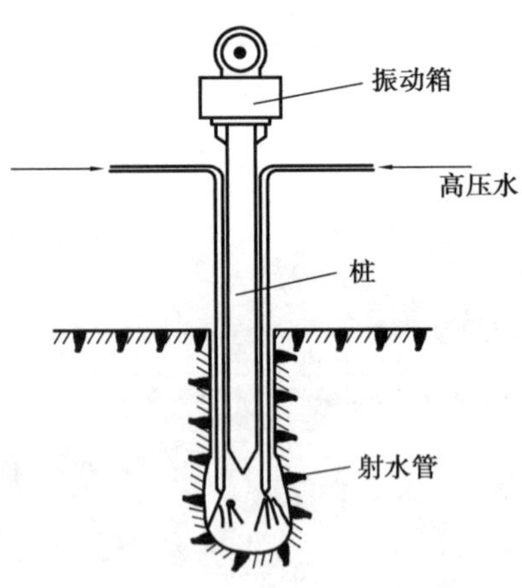

(d)水冲沉桩法

图5.10 预制桩的沉桩方法

打桩的设备主要是打桩机，主要包括桩锤(图5.11)、桩架和动力装置3个部分。在选择打桩机时主要考虑桩锤和桩架。

(a)D180筒式柴油锤

(b)HHP系列液压打桩锤

图5.11 桩锤

(1)桩锤

各种不同类型桩锤的锤击动力、实用性、优缺点如表5.1所示。

表5.1 不同类型桩锤性能一览表

锤 型	锤击动力	适用性	优缺点	
			优 点	缺 点
落锤	重力	小型桩工程	构造简单、使用方便	效率低、桩身易损坏
柴油锤	燃油爆炸能量	适用面广、特别适用于大型混凝土桩和钢管桩等	结构简单、使用方便，不需从外部供应能源	过软的土中会使工作循环中断，污染大
蒸汽锤	蒸汽动力	适用面广	冲击力较大、无污染	需配备锅炉设备
液压锤	液压作用	适合水下打桩和软土打桩	能获得较大的贯入度	构造复杂、造价高

用锤击沉桩时，为防止桩受冲击应力过大而损坏，应采用“重锤轻击”。如采用“轻锤重击”，锤击功能很大一部分被桩身吸收，桩不易打入，且桩头容易被打碎。锤重一般根据土质、桩的规格等进行选择，如能进行锤击应力计算则更为科学。

(2)桩架

①桩架的作用：悬吊桩锤并为桩锤导向，还能起吊桩并可在小范围内移动桩位。

②桩架的高度是选择桩架时需考虑的一个重要问题。桩架的高度 = 桩长 + 滑轮组高度 + 桩锤高度 + 桩帽高度 + 起锤移位高度(取1 ~ 2 m)。

③桩架的形式：

a. 多功能桩架：由立柱、斜撑、回转工作台、底盘及传动机构组成，如图5.12(a)所示。优点：机动性和适应性很大，水平方向可做360°回转，立柱可前后倾斜，可在轨道上行走。缺点：

机构较庞大,组装拆迁麻烦。

b. 履带式桩架:以履带式起重机为底盘,增加立柱和斜撑用以打桩,如图 5.12(b)所示。其性能灵活,移动方便,可适应各种预制桩施工,目前应用最多。

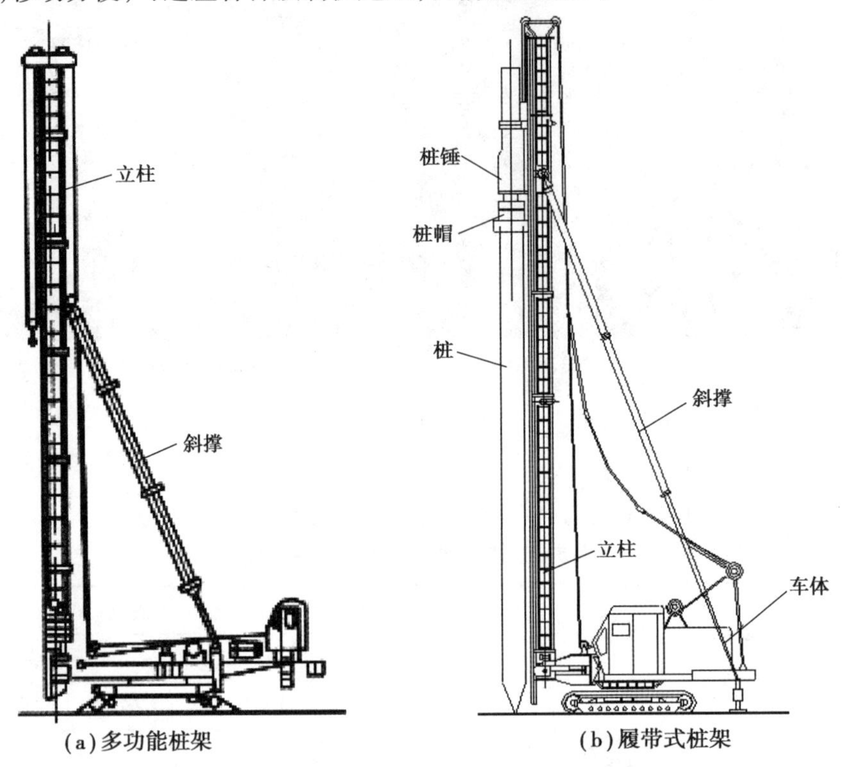

图 5.12　桩架的形式

(3)施工准备

①场地准备:清除地上或地下障碍物→平整场地→定位放线、定桩位、设置水准点→通电、通水→安设打桩机→打试验桩→确定打桩顺序。

②技术准备:

a. 认真学习研究桩基部分图纸,理解掌握设计意图,做到施工时心中有数。

b. 调查核实场地的工程地质资料,并根据实际情况有针对性地进行配桩。

c. 审核打桩设备的技术性能。

d. 准备有关管桩各项施工参数指标及参考资料。

e. 选择和确定打桩机进出路线及打桩顺序,制订施工方案,做好技术交底。

③材料和机具准备:

a. 材料准备:预应力混凝土薄壁管桩规格质量必须符合设计要求和施工规范的规定,并具有出厂合格证。

b. 施工机具准备:施工机械有打桩机、电焊机、割桩机;工具、用具有钢质送桩器、桩帽、运桩小车、索具、钢丝绳、钢垫板或槽钢等。

④组织准备:

a. 健全现场各管理制度,专业技术人员持证上岗。

b. 班组已经到位并进行了技术、安全交底。

c. 班组工人中，一般中、高级工不少于 60%，并应具有同类工程的施工经验。

d. 预应力混凝土薄壁管桩施工主要涉及的工种为桩机工、电焊工、起重工、机修工电工、杂工。

⑤作业条件准备：

a. 桩基轴线和标高均已测定完毕，并经过检查办完预检手续。桩基轴线与高程的控制桩设置在不受打桩影响的地点，并妥善保护。

b. 处理高空和地下的障碍物，如影响邻近建筑物或构筑物的使用或安全时，应会同有关单位采取有效措施，予以处理。

c. 根据轴线放出桩位线，用木橛或钢筋头钉好桩位，并用白灰做标记，以便于施工。

d. 场地要碾压平整，排水畅通，保证桩机可以移动且稳定垂直。

e. 打试验桩。施工前必须打试验桩，其数量为每个单位工程不少于 3 根，确定贯入度并校验打桩设备、施工工艺以及技术措施是否合适。

f. 临时用电、临时用水已安装、调试到位。

(4)施工工艺流程

锤击法沉桩施工工艺流程：桩机就位→吊桩就位→扣桩帽、垂直度校核、落锤、松吊钩→低锤轻打、垂直度校核→正式打桩→接桩。

2)静力压桩法

借助桩架自重以及桩架上的压重，通过液压或滑轮组提供的静反力将预制桩压入土中，如图 5.10(b)所示。这种施工方法适用于较均匀的可塑性黏性土地基，对砂土以及其他坚硬土层，由于压桩阻力过大，故不宜采用。

静力压桩是利用静压力将桩压入土中，施工中没有振动和噪声，但仍存在挤土效应。该方法适用于软弱土层和邻近有不能受振动建(构)筑物的情况。当存在厚度大于 2 m 的中密砂夹层时，不宜采用静力压桩。

静力压桩机有机械式和液压式两类，目前使用的多为液压式静力压桩机，压力可达 5 000 kN以上。

静力压桩多采用分段预制、分节压入、逐段接长。当下一节桩压入土中后上端距地面 0.8 ~1 m 时接长上一节桩，继续压入。每根桩的压入、接长应连续，如图 5.13 所示。初压时如桩身发生较大移位、倾斜，压入过程中桩身突然下沉或倾斜，桩顶混凝土破坏或压桩阻力剧变时，应暂停压桩，及时研究处理。

(1)沉桩施工步骤

静力压桩施工工艺流程：桩机就位→吊桩就位→垂直度校正→静力压桩→接桩→送桩→截桩→桩基检测→承台施工。

(2)沉桩施工要点

①桩身垂直度控制：第 1 节桩下压时，垂直度偏差不大于 0.5%；当桩身垂直度偏差大于 1% 时，应找出原因并纠正；桩尖进入较硬土层后，严禁用移动机架等方法强行纠偏。

②压桩施工：抱压力应不大于桩身允许侧向压力的 1.1 倍；每根桩宜一次性连续压到底，最后一节有效桩长不宜小于 5 m。

(a)静力压桩施工现场

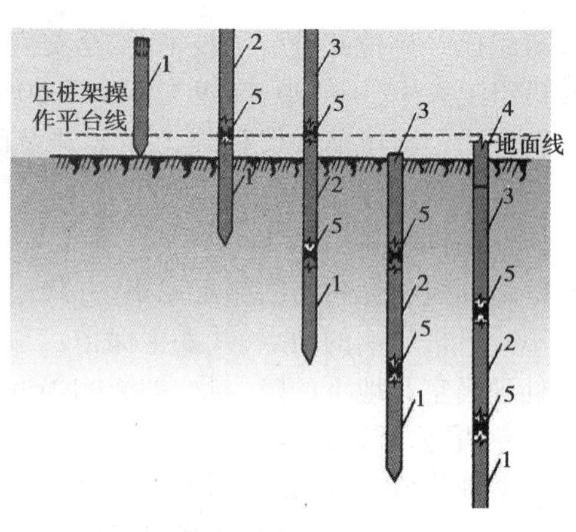

(b)静力压桩分节压入、接长

(c)静力压桩法施工

图 5.13　静力压桩法

③终压操作:终压结束前应进行连续复压和稳压,入土深度不小于 8 m 的桩,复压次数为 2 ~3 次;入土深度小于 8 m 的桩,复压次数为 3 ~5 次。稳压压桩力不小于终压力的桩,稳压时间为 5 ~10 s。终压力应根据现场试桩结果确定。

3)振动沉桩法

将大功率的振动打桩机安装在桩顶,一方面利用振动以减少土对桩的阻力,另一方面用向下的振动力使桩沉入土中,如图 5.10(c)所示。这种施工方法适用于可塑性的黏性土和砂土,用于土的抗剪强度受振动时有较大降低的砂土等地基,其效果更加明显。

振动沉桩法是利用振动锤(图 5.14)沉桩,将桩与振动锤连接在一起,振动锤产生的振动力通过桩身带动土体振动,使土体的内摩擦角减小、强度降低而将桩沉入土中。该方法适用于软土、粉土、松土中沉桩,不宜用于密实的粉性土、砾石等土层。

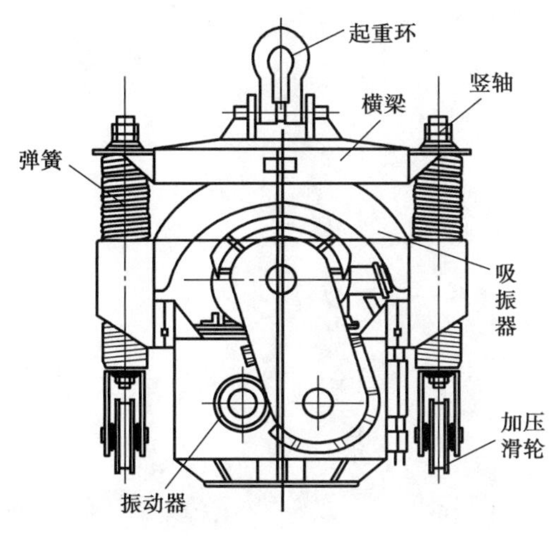

(a)振动锤

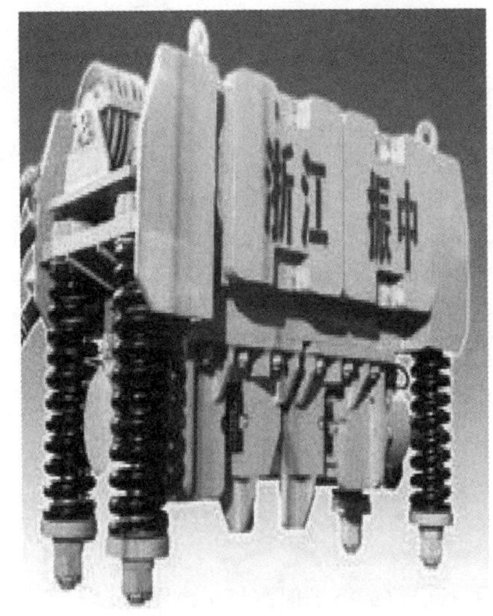

(b)DZM100液压振动锤

图 5.14　振动锤

4)水冲沉桩法

高压水冲击桩尖附近土层,锤击或振动沉桩,适用于砂土、碎石土,如图 5.10(d)所示。

桥梁施工常需进行水下沉桩。当河流水浅时,可搭设施工便桥或脚手架安置桩架进行水中沉桩施工。当河流较宽较深时,可采用以下方法:

①先筑围堰后沉桩法:临近河岸、水不深的桩可采用。

②先沉桩后筑围堰法:适用于较深水中沉桩,如图 5.15 所示。

(a)先沉桩后吊放钢吊箱围堰

(b)先沉桩后筑钢板桩围堰

图 5.15　先沉桩后筑围堰法

③沉桩船沉桩:在较深较宽的江面上或海面上使用专用沉桩船进行水中沉桩,如图 5.16 所示。

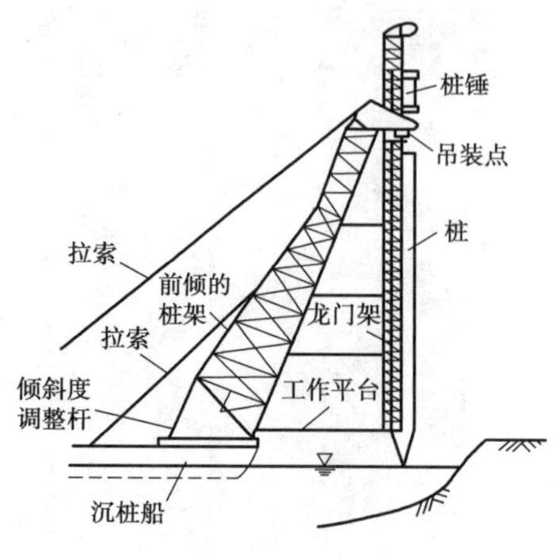

(a)沉桩船沉桩示意图

(b)多功能打桩船

图 5.16　沉桩船沉桩

5.3.2　预制桩的打桩顺序

打桩顺序直接影响打桩速度和打桩质量，应结合预制桩桩距大小、桩机性能、工程特点和工期要求综合考虑。

当一侧毗邻已有建筑物时，由毗邻已有建筑物处向另一方向施打，俗称“逐排施打”，如图 5.17(a)所示。逐排施打时，桩的就位和起吊方便，打桩效率高，但土壤向一个方向挤土，桩距大于或等于 4 倍桩径时，土壤的挤压影响可忽略不予考虑；小于 4 倍桩径时可能出现桩身倾斜或浮桩，应考虑跳打或变换打桩顺序。

对于大面积密集群桩，可由中间向两侧或四周对称施打，如图 5.17(b)、(c)所示。

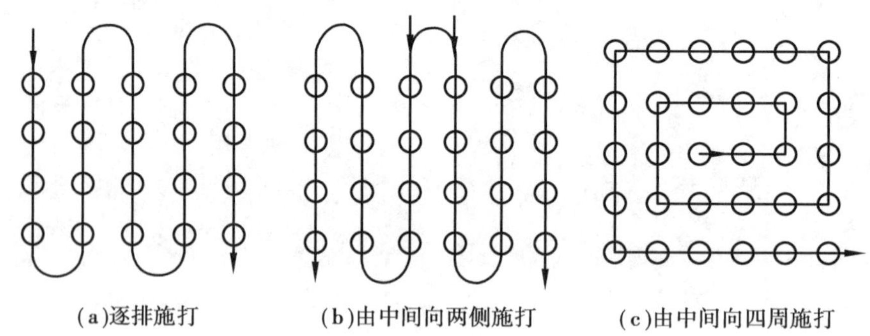

(a)逐排施打　　(b)由中间向两侧施打　　(c)由中间向四周施打

图 5.17　预制桩的打桩顺序

对标高不一的桩，应遵循“先深后浅”的原则；对不同规格的桩，应遵循“先大后小、先长后短”的原则。禁止自外向内或从周边向中间施工，以免土体被挤压，沉桩困难，桩侧移或上冒。施工要点如下：

①施工前，平整场地及修筑运输车辆进入的临时施工便道。

②根据设计图纸布置好的桩位进行施工，施工前进行必要的复核工作。

③核对桩型并检查外观质量，其内容包括：检查运入场地的桩型是否为设计所要求的桩型，方桩外观是否存在蜂窝、漏浆、裂缝。通过严格的质量检查、验收，把不合格的方桩拒之于场外，严格把关方桩质量。

④桩机移机就位，双向调直机架，然后起吊尖桩到桩位上，再检查桩位的准确性。桩入土一定深度（约50 cm）时，必须用两向吊线严格对中调直。

⑤检查尖桩垂直度满足规范要求（小于1%），桩机调平后，即往下打桩，并由专人负责对垂直度进行监控。当倾斜过大时，应设法及时校正，并分析发生倾斜的原因，避免桩尖进入硬土层或一定深度后再强行纠偏。

⑥打桩应连续一次性完成，尽量减少中间停顿时间。锤高应严格控制在1 m以内。

⑦接桩采用焊接法，接驳口应高出地面不少于30 cm。接桩时上、下桩段要顺直，错位偏差不大于8 mm。焊接桩前，对接的上、下端表面应用铁刷子清刷干净。施焊一般由两个焊工同时对称进行，先将四角点焊固定，再用直径为16 mm加强筋将四面焊接，焊缝应密实、饱满。焊好后待焊口自然冷却不少于2 min后，方可继续打桩。

⑧当施打至准备收锤时，锤高按0.8～1.0 m控制，每阵锤的贯入度控制在3 cm左右，达到收锤标准方可收锤。

5.4　混凝土灌注桩施工

混凝土灌注桩是直接在施工现场桩位上用机械钻孔或人工挖孔，然后在孔内灌注混凝土或钢筋混凝土的一种成桩方法。与预制桩相比，混凝土灌注桩具有桩长和直径变化自如，不需要接桩和截桩，节约钢材，施工时无挤土、振动小、噪声小，对周围环境和邻近建筑物影响小等特点，能适应各种地层，适用于建筑物密集区。缺点是：混凝土灌注柱成桩工艺复杂且要求严格，施工后需较长的养护期方可承受荷载，成孔时有大量土渣或泥浆排出。

按其成孔方法不同，混凝土灌注桩可分为泥浆护壁成孔灌注桩、干作业成孔灌注桩、人工挖孔灌注桩、沉管灌注桩等。

5.4.1　泥浆护壁成孔灌注桩

泥浆护壁成孔灌注桩是在成孔过程中采用泥浆护壁的方法，通过循环泥浆将钻头切削下的土渣排出孔外而成孔，而后吊放钢筋笼，水下灌注混凝土成桩。这类灌注桩能够解决孔壁塌落、钻机磨损以及沉渣过多等问题，适用于有地下水和无地下水的土层。

泥浆护壁成孔灌注桩可分为正、反循环钻孔灌注桩，冲击成孔灌注桩和旋挖成孔灌注桩。其中，冲击成孔灌注桩是利用冲击钻机通过机架、卷扬机把带刃的重钻头（冲锤）提高到一定高度，靠自由下落的冲击力切削破碎岩层或冲击土层成孔；旋挖成孔灌注桩是通过旋挖钻机施工的一种成孔方式。

泥浆护壁成孔是用泥浆保护孔壁、防止塌孔和排出土渣而成孔，不同土质和地下水位高低都适用，多用于含水量高的软土地区。成孔机械有回转钻机、潜水钻机、冲击钻等，其中以回转钻机应用最多。

1)成孔机械及工艺

回转钻机是由动力装置带动有钻头的钻杆转动,由钻头切削土壤。切削形成的土渣通过泥浆循环排出桩孔。根据泥浆循环方式的不同,分为正循环回转钻机和反循环回转钻机。

正循环回转钻机成孔时,泥浆由钻杆内部注入,从钻杆底部喷出,携带钻下的土渣沿孔壁向上经孔口带出并流入沉淀池,沉淀后的泥浆流入泥浆池再注入钻杆,由此进行循环。正循环回转钻机成孔工艺原理如图5.18(a)所示,步履式正循环冲击钻机如图5.18(b)所示。

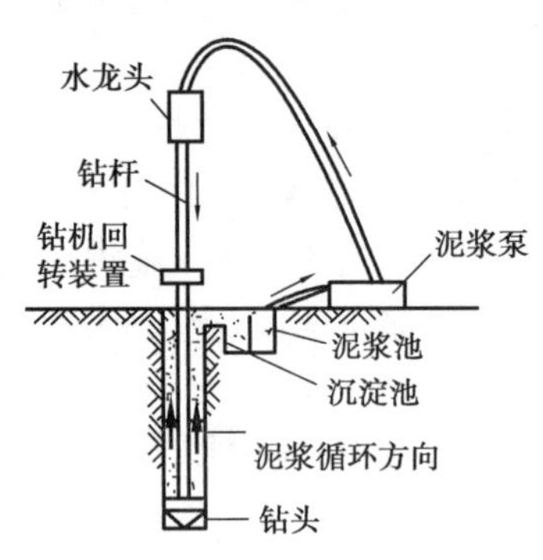

(a)正循环回转钻机成孔工艺原理

(b)步履式正循环冲击钻机

图5.18　正循环回转钻机成孔

反循环回转钻机成孔时,泥浆由钻杆与孔壁间的间隙流入钻孔,由砂石泵在钻杆内形成真空,使钻下的土渣由钻杆内腔吸出至地面而流向沉淀池,沉淀后再流入泥浆池。反循环回转钻孔成孔工艺的泥浆上流的速度较高,排放土渣的能力强。反循环回转钻机成孔工艺原理如图5.19(a)所示,反循环回转钻机如图5.19(b)所示。

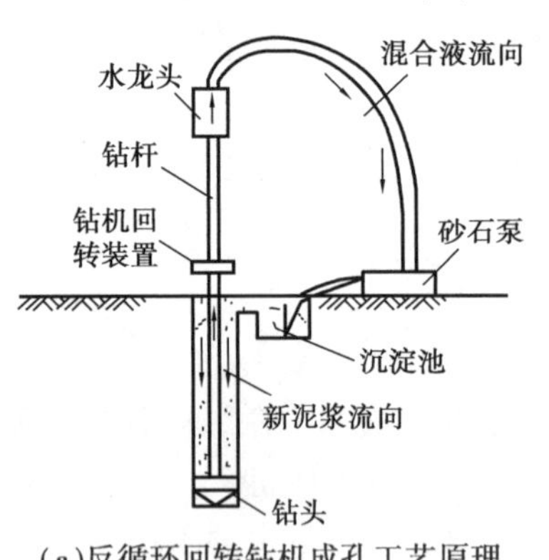

(a)反循环回转钻机成孔工艺原理

(b)FGZ反循环回转钻机

图5.19　反循环回转钻机成孔

2)泥浆护壁

(1)泥浆的作用

泥浆具有保护孔壁、防止塌孔、排出土渣及冷却与润滑钻头的作用,其中以护壁作用最为主要。钻进过程中,护壁泥浆与钻孔的土屑混合,边钻边排出携带土屑的泥浆。当钻孔达到规定深度后,运用泥浆循环进行孔底清渣。

(2)泥浆的组成

泥浆是由高塑性黏土或膨润土和水拌和的混合物,也可掺入加重剂、分散剂、增黏剂及堵漏剂等掺合剂。泥浆一般在现场制备,有些黏性土在钻进过程中可形成适合护壁的浆液,则可利用其作为护壁泥浆,即“自造泥浆”。泥浆制备池如图 5.20 所示。

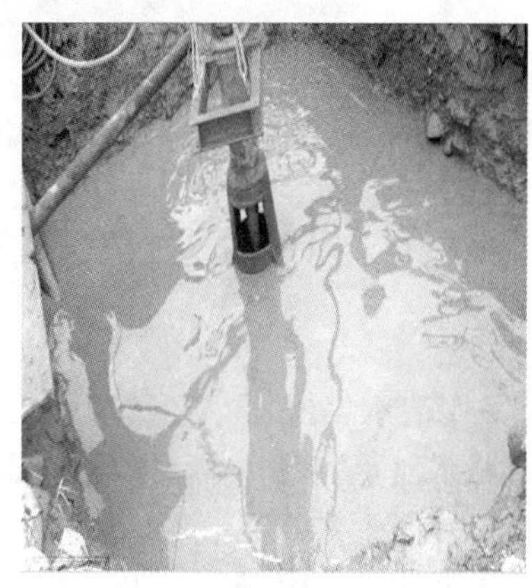

图 5.20　泥浆制备池

3)施工顺序及方法

(1)埋设钢护筒

钢护筒是保证钻机沿着桩位垂直方向顺利钻孔的辅助工具,可以保护孔口和提高桩孔内的泥浆水头,防止塌孔。在杂填土或松软土层中钻孔时,应在桩位处埋设钢护筒,以起定位、保护孔口、维持水头等作用。钢护筒内径应比钻头大 100 mm,埋入土中不少于 1 m,如图5.21 所示。

图 5.21　埋设钢护筒

(2)泥浆制备

护壁泥浆是由高塑性黏土或膨润土与水拌和的混合物,还可在其中掺入加重剂、分散剂、增黏剂及堵漏剂等,如图 5.22 所示。

图 5.22　泥浆制备

(3)泥浆注入

黏土中可采用清水钻进、自造泥浆护壁;砂土中则应注入制备泥浆,注入泥浆比重控制在1.1左右,排出泥浆比重宜为1.2~1.4。钻进过程中,应保持护筒内泥浆水位高于地下水位。

(4)第一次清孔

钻孔达到设计标高后应进行清孔。以原土造浆的钻孔可用“射水法”,即钻杆只转不进(空转),待泥浆比重降至1.1左右;注入制备泥浆的钻孔则应采用“换浆法”清孔,至换出的泥浆比重1.15时方为合格。

(5)吊放钢筋笼及导管

筋笼加工应符合设计要求。钢筋笼制作、运输和吊装过程中应采取适当的加固施,防止变形。直径在1.2 m内的钢筋笼制作同一般灌注桩;大直径和长度大的钢筋笼,一般在主筋内侧每隔2.5 m加设一道Φ25~30 mm加强箍,每隔一箍在箍内设一道井字加强支撑,与主筋焊接组成骨架,便于吊运,如图5.23所示。

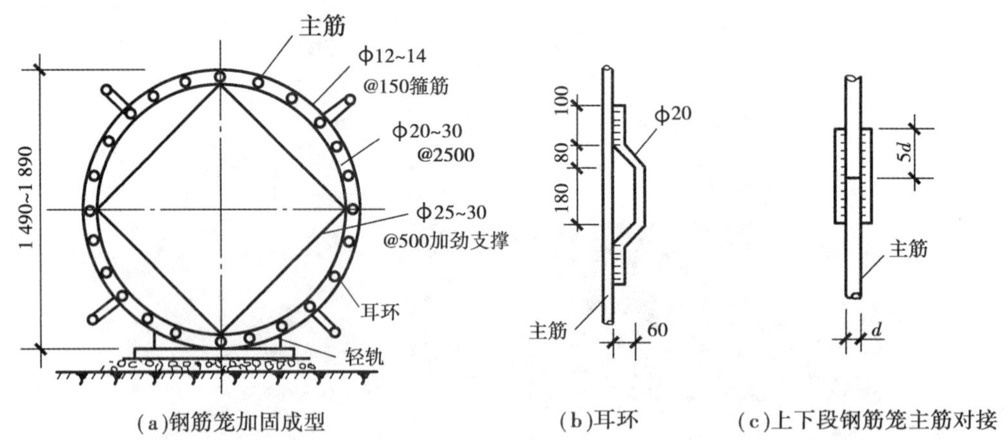

图 5.23　钢筋笼的成型与加固(单位:cm)

钢筋笼长度超过10 m应分段拼接,每节主筋为通长钢筋,接头对焊连接,主筋与箍筋点焊固定,主筋保护层厚70 mm,平整度误差不大于50 mm,四侧主筋每隔5 m设置耳环。钢筋笼就位应采用小型吊运机具或起重机进行,上下节主筋采用帮条双面焊连接,如图5.24所示。

吊放钢筋笼入孔时,不得碰撞孔壁,就位后应采取加固措施固定钢筋笼的位置,如图5.25所示。钢筋笼吊放施工如图5.26所示。

图 5.24　大直径灌注桩钢筋笼加工

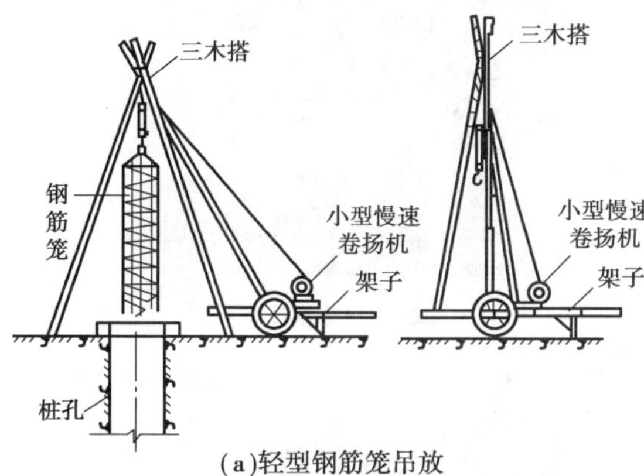

(a)轻型钢筋笼吊放

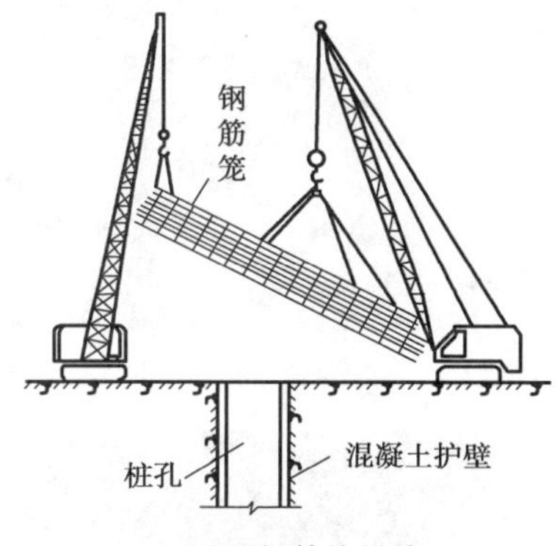

(b)重型钢筋笼吊放

(c)施工现场

(d)送放钢筋笼防碰

图 5.25　钢筋笼吊放

(a)钢筋笼制作

(b)钢筋笼成型

(c)钢筋笼起吊

(d)灌注桩钢筋冷挤压连接

(e)钢筋笼安放就位

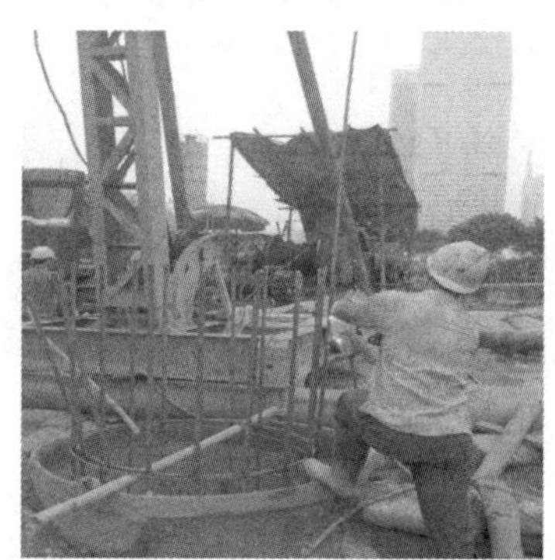
(f)焊吊筋(防止钢筋笼上浮)

图5.26　钢筋笼吊放施工流程

(6)下放导管

①导管内壁应光滑圆顺,直径宜为20~30 cm,节长宜为2 m。

②导管不得漏水,使用前应试拼、试压。

③导管轴线偏差不宜超过孔深的0.5%,且不宜大于10 cm(沉桩垂直度0.5%)。

④导管采用法兰盘接头宜加锥形活套,采用螺旋丝扣型接头时必须有防止松脱装置。

(7)第二次清孔

在钢筋笼和导管安放后、水下混凝土浇筑前进行,在导管顶部安放泵及皮笼,用泵将泥浆压入导管内,再从孔底沿着导管外置换沉渣。第二次清孔标准:孔深达到设计要求,沉渣厚度在100 mm以内。

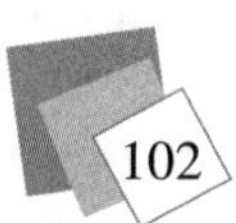

(8)浇筑水下混凝土

水下混凝土浇筑必须在与周围环境水隔离的条件下进行。水下混凝土浇筑的方法很多，最常用的是导管法。导管法采用的主要机具有导管、漏斗和储料斗、隔水球。浇筑水下混凝土原理及施工如图 5.27、图 5.28 所示。

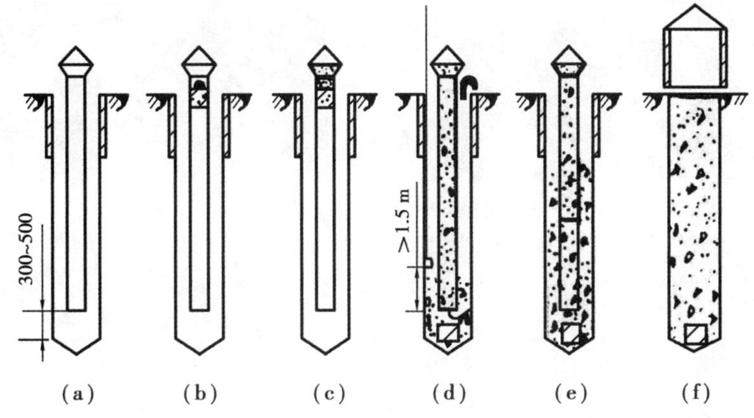

图 5.27　浇筑水下混凝土施工原理

(e)提升导管、下料、排出泥浆

(f)破桩头（截桩头）

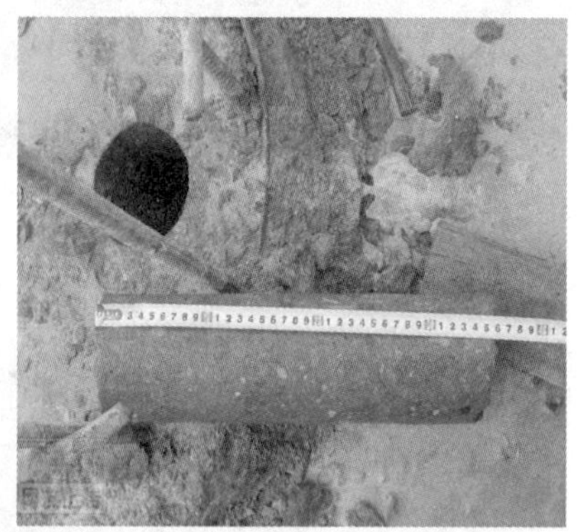

(g)桩头混凝土取样、检测

图 5.28　浇筑水下混凝土施工

泥浆护壁灌注桩施工要点和构造要求如下：

①使用的隔水球应有良好的隔水性能，并应保证顺利排出（大桩径用隔水球，小桩径用封口板）。

②开始灌注混凝土时，导管底部至孔底的距离宜为 300 ~ 500 mm；导管一次埋入混凝土灌注面以下不应少于 1.0 m；导管埋入混凝土深度宜为 2 ~ 6 m。

③灌注水下混凝土必须连续施工，并应控制提拔导管速度，严禁将导管提出混凝土灌注面。灌注过程中的故障应记录备案。

④为防止钢筋骨架上浮，当灌注的混凝土顶面距钢筋骨架底端 1 m 左右时，应降低混凝土的灌注速度。当混凝土拌合物上升至骨架底口 4 m 以上时，提升导管，使其底口高于骨架底部 2 m 以上，即可恢复正常灌注速度。

⑤灌注的桩顶标高应比设计高出一定高度，一般为 0.5 ~ 1.0 m，以保证混凝土强度。多余部分接桩前必须凿除，残余桩头应无松散层。

4）灌注桩桩头处理

灌注桩桩头处理如图 5.29 所示。

(a)桩间挖土　(b)承台高程控制

(c)桩头凿除　(d)剥出主筋

(e)浇筑混凝土垫层　(f)承台钢筋绑扎

图 5.29　灌注桩桩头处理

5)桩基检测

工程桩应进行单桩承载力和桩身完整性的抽样检测。

(1)单桩承载力检测

单柱承载力检测方法分为静载和动载两种。

①符合下列条件之一的桩应采用静载检测(图5.30):

a.设计等级为甲级的桩基;

b.地质条件复杂、施工质量可靠性低;

c.在本地区采用的新桩型或新工艺;

d.群桩施工产生挤土效应。

抽检数量:不少于总桩数的1%,且不少于3根;当总桩数少于50根时,不少于2根。

图5.30　桩基静载检测

②对上一条规定之外的预制桩和满足高应变法适用检测范围的灌注桩,可采用高应变法进行动载检测,如图5.31所示。

检测数量:不宜少于总桩数的5%,且不得少于10根。

(a)安装感应装置

(b)吊起落锤

(c)设置桩垫

(d)测量落距

(e)落锤下落

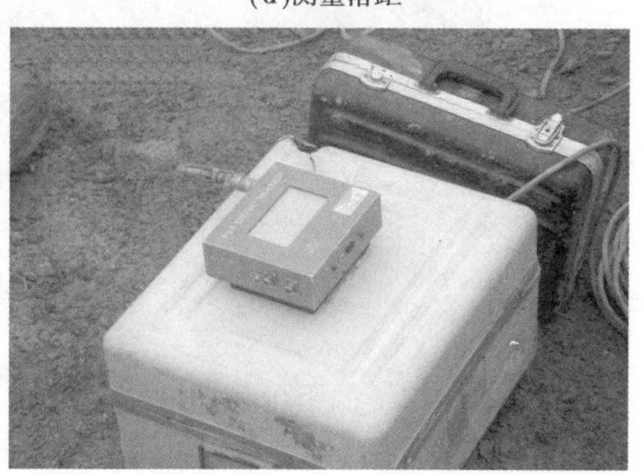
(f)桩基大应变频谱分析仪

图5.31 桩基动载检测

③对受设备或现场条件限制无法进行单桩承载力检测的端承型大直径灌注桩，可采用钻芯法测定桩底沉渣厚度并钻取桩端持力层岩土芯样检验桩端持力层，如图5.32所示。

检测数量：不应少于总桩数的5%，且不应少于10根。

(a)钻芯法基桩检测

(b)桩身混凝土芯样质量检查

图5.32 钻芯法基桩检测

(2)桩身完整性抽样检测

①检测方法。对端承型大直径灌注桩,应选用钻芯法或声波透射法,对总桩数的10%进行桩身完整性检测,如图5.33所示。

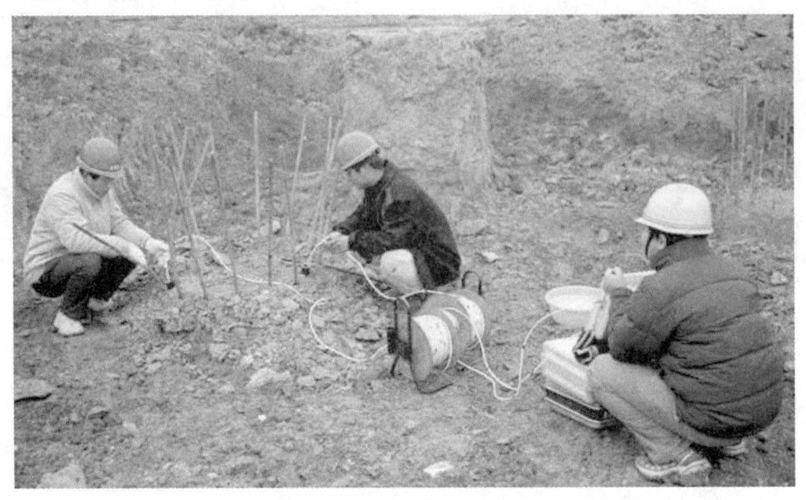

图5.33　桩身完整性检测(声波透射法)

②检测数量:

a.3桩或3桩以下的承台抽检桩数不得少于1根。

b.设计等级为甲级,或地质条件复杂、施工质量可靠性较低的灌注桩,抽检数量不应少于总桩数的30%,且不得少于20根。

c.其他桩基工程的抽检数量不应少于总桩数的20%,且不得少于10根。

d.地下水位以上且终孔后桩端持力层已通过核验的人工挖孔桩以及单节混凝土预制桩,抽检数量可适当减少,但不应少于总桩数的10%,且不应少于10根。

5.4.2　干作业成孔灌注桩施工

干作业成孔灌注桩是指在不用泥浆和套管护壁情况下,用机械钻孔或人工挖孔,吊放钢筋笼、浇筑混凝土成桩。

干作业成孔灌注桩包括人工挖孔灌注桩、钻孔(扩底)灌注桩和长螺旋钻孔压灌桩等类型。

1)人工挖孔灌注桩

人工挖孔灌注桩是指在井圈护壁保护下,采用人工挖掘方法成孔,放置钢筋笼,浇筑混凝土而成的桩基础(图5.34)。它由承台、桩身和扩大头组成,穿过深厚的软弱土层而直接坐落在坚硬的岩石层上。人工挖孔灌注桩单桩承载力大、受力性能好、质量可靠、沉降量小,无需大型机械设备,无振动、无噪声、无环境污染,可在孔内直接检查成孔质量,观察地质土质变化情况;桩底清孔彻底、干净,易保证混凝土质量。人工挖孔灌注桩在各地应用普遍,已成为一种大直径灌注桩施工的主要方式,其直径一般为0.8~3 m,特殊情况下可达4 m,深度一般在20 m左右。

图5.34 人工挖孔灌注桩施工

(1)人工挖孔灌注桩施工要点

①人工挖孔桩的孔径(不含护壁)不得小于0.8 m,且不宜大于2.5 m,孔深不宜大于30 m。当桩净距小于2.5 m时,应采用间隔开挖。相邻排桩跳挖的最小施工净距不得小于4.5 m。

②人工挖孔桩混凝土护壁的厚度不应小于100 mm,混凝土强度等级不应低于桩身混凝土强度等级,并应振捣密实;护壁应配置直径不小于8 mm的构造钢筋,竖向筋应上下搭接或拉结。

③开孔前,桩位应准确定位放样,在桩位外设置定位基准桩。安装护壁模板必须用桩中心点校正模板位置,并应由专人负责。

④挖至设计标高,终孔后应清除护壁上的泥土和孔底残渣、积水,并应进行隐蔽工程验收。验收合格后,应立即封底和灌注桩身混凝土。

(2)人工挖孔桩施工安全措施

①孔内必须设置应急软爬梯供人员上下(图5.35)。使用的电葫芦、吊笼等应安全可靠,并配有自动卡紧保险装置,不得使用麻绳和尼龙绳吊挂或脚踏井壁凸缘上下。电葫芦宜用按钮式开关,使用前必须检验其安全起吊能力。

图5.35 应急软爬梯

②每日开工前，必须检测井下的有毒有害气体，并应有足够的安全防范措施。

③挖出的土石方应及时运离孔口，不得堆放在孔口周边1 m范围内，机动车辆的通行不得对井壁安全造成影响。

④在孔口应设水平移动式活动安全盖板，当吊桶提升到离地面约1.8 m处时，推活动盖板关闭孔口，手推车推至盖板上。卸土后，再开盖板，下吊桶装土，以防土块、操作人员掉入桩孔内伤人或受伤。采用电葫芦提升吊桶时，桩孔四周应设安全栏杆。

⑤直径较大(1.2 m以上)的桩孔开挖时，井口应设护筒，下部应设护壁，挖一节随即浇筑一节混凝土护壁，以防塌孔或孔壁掉下，保证操作安全。

⑥吊桶装土不应太满，以免在提升时掉落伤人；同时每挖完一节，应清理桩孔顶部周围松动土方、石块，防止其落下伤人。

⑦在桩孔10 m深以下作业，应在井下设100 W防水带罩灯泡照明，并用36 V安全电压。井内所有设备必须接零或接地，绝缘良好。在20 m以下作业时，采取向井内通风的方式供给氧气，以防有毒有害气体伤人。

⑧井口作业人员应系安全带，井下作业戴安全帽和绝缘手套，穿绝缘胶鞋。提土时应设安全区，防掉土块或石块伤人。在井内必须设有可靠的上下安全联系信号装置。

⑨加强对孔壁土层涌水情况的观察，如发现流砂、大量涌水等异常情况，应及时采取处理措施。

⑩向井内吊放钢筋等材料及施工工具时，必须绑紧牢固，防止其溜脱发生坠落事故。

⑪桩孔挖好后，如不能及时浇筑混凝土，或中途停止挖孔时，孔口应予以覆盖。

⑫护壁混凝土浇筑完后应进行检查，如发现有蜂窝、漏水等现象，应及时补强，以免造成事故。

⑬施工用电开关必须集中于井口，并应装设漏电保护器，防止漏电导致触电事故。值班电工必须经常检查所有电气设备及线路，加强维护，及时发现问题并进行妥善处理。

⑭井内抽水管线、通风管、电线等必须妥善处理，并临时固定在护壁上，以防被吊桶或吊篮上下时挂住拉断或撞断。

⑮人工挖孔桩必须采用间桩开挖。

⑯人工挖孔桩护壁混凝土强度等级应满足设计要求，桩井开挖要求分节开挖，每节开挖长度不宜大于2.0 m，并不得在土石变化处和滑动面处分节，开挖一节立即支护一节。

⑰从事挖孔桩作业的工人需经健康检查和井下、高空、用电、吊装及简单机械操作等安全作业培训且考核合格后，方可进入施工现场。

⑱施工现场所有设备、设施、安全装置、工具、配件以及个人劳保用品等必须经常进行检查，确保完好和安全使用。

⑲使用的电动葫芦、吊笼等必须是合格的机械设备，同时应配备自动卡紧保险装置，以防突然停电。电动葫芦宜用按钮式开关，上班前、下班后应均有专人严格检查且每天加足润滑剂，保证开关灵活、准确，铁链无损、有保险扣不打死结，钢丝绳无断丝。支撑架应牢固稳定，使用前必须检查其安全起吊能力。

⑳工作人员上下桩井必须使用钢爬梯或活动爬梯，不得用人工拉绳运送工作人员和脚踩护壁凸缘上下桩井。桩井内壁设置尼龙保险绳，并随挖孔深度放长至工作面，作为救急备用。

㉑每天开工前,应将孔内水抽干,并用鼓风机或大风扇向孔内送风 5 min,将孔内混浊空气排出后方可安排工作人员进入。孔深超过 10 m 时,地面应配备向孔内送风的专门设备,风量不宜少于 25 L/s。孔底凿岩时尚应加送大风量。鼓风机示意图如图 5.36 所示。

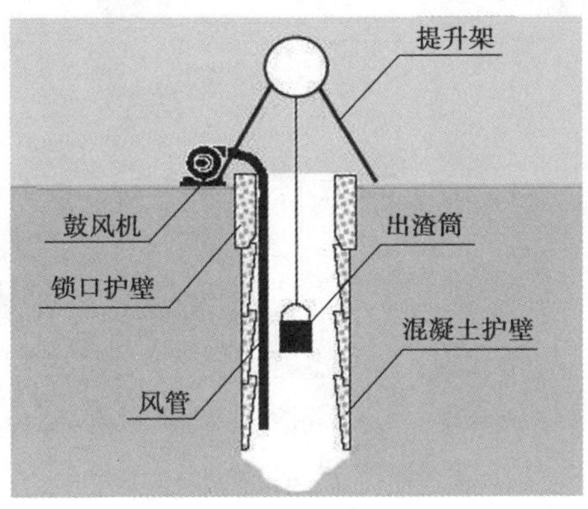

图 5.36　鼓风机示意图

㉒为防止地面人员和物体堕入桩孔内,孔口四周必须设置护栏。护壁应高出地面 55 cm 左右,以防杂物滚入孔内。

㉓孔口配合人员应集中精力,密切监视孔内情况,并积极配合孔内作业人员进行工作,不得擅离岗位。在孔内上下递送工具物品时,严禁抛掷。严防孔口的物件落入桩孔内。

㉔施工现场所有电源、电路的安装和拆除,必须由持证电工专管。电器必须严格接地、接零和使用漏电保护器,电器安装后经验收合格后方可准接通电源使用。

㉕各桩孔用电必须分闸,严禁一闸多孔和一闸多用(图 5.37)。孔上电线、电缆必须保护架空,严禁拖地和埋入土中(图 5.38)。孔内电缆、电线必须绝缘,并有防磨损、防潮、防断等保护措施。孔内作业照明应采用安全矿灯或 12 V 以下的安全灯。

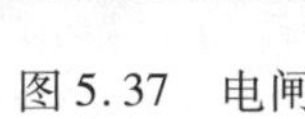

图 5.37　电闸

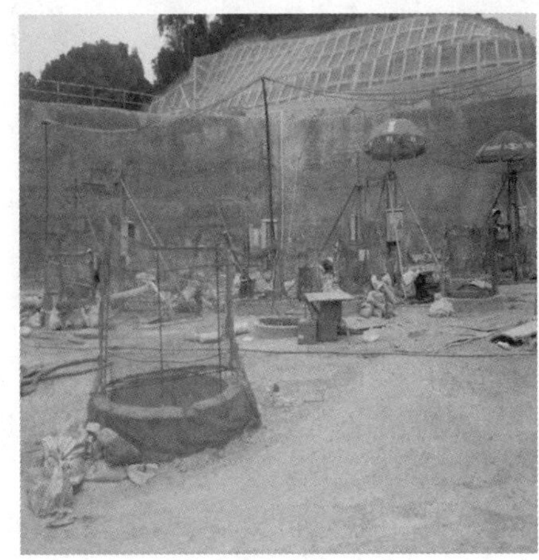

图 5.38　架空电缆

㉖在灌注桩身混凝土时,应停止相邻 10 m 范围内的作业,且不得在孔底留人。

㉗对于暂停施工的桩孔,应加盖板封闭孔口,并加 0.8 ~1 m 高的围栏围蔽(图 5.39)。

㉘现场应设专职安全检查员,在施工前和施工中应进行认真检查,发现问题及时处理,待

消除隐患后再行作业。

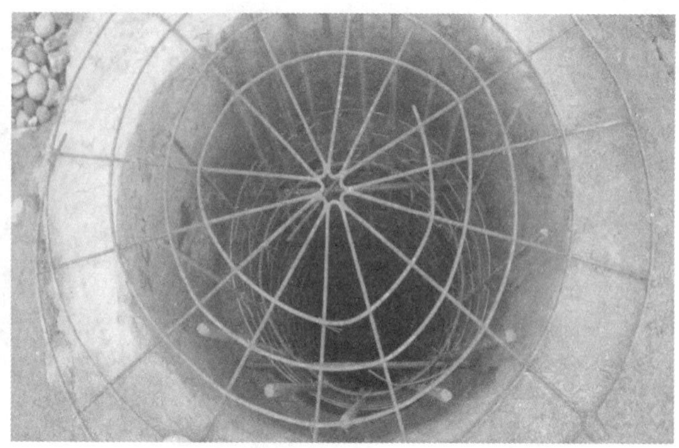

图 5.39　防护措施

(3)人工挖孔桩施工工艺标准

①第一节孔圈护壁应比下一节护壁厚 100～150 mm,并应高出现场地面 200～250 mm,上下护壁间的搭接长度不得小于 50 mm(图 5.40)。

②浇灌护壁混凝土时,用敲击模板及用竹和木棒插实的方法,不得在桩孔水淹没模板的情况下灌注混凝土。根据土质情况,尽量使用速凝剂,尽快达到设计强度要求。发现护壁有蜂窝、漏水现象,应及时加以堵塞和导流,防止孔外水通过护壁流入孔内,保证护壁混凝土强度及安全(图 5.41)。

图 5.40　护壁高出场地 200～250 cm

图 5.41　护壁施工

③根据气温等情况而定,一般可在 24 h 以后进行护壁混凝土的内模拆除,使混凝土有一定强度,能够挡土。

④第一节护壁混凝土拆模后,即把轴线位置标定在护壁上,并用水准仪把相对水平标高标记在第一圈护壁内,作为控制桩孔位置和垂直度及确定桩的深度和桩顶标高的依据。

⑤施工人员必须熟悉所挖孔的地质情况,并要勤检查,注意土层的变化。当遇到流砂、大量地下水等影响挖土安全时,要立即采取有效防护措施后,才能继续施工。

⑥如遇流动性淤泥或流砂时,孔壁应采用钢护筒施工。对较易塌方施工段应即挖、即校对、即验收。灌注护壁混凝土,要保证混凝土密实度,避免渗漏。

⑦对有少量流砂的桩位，先将附近无流砂的桩孔挖深，使其起集水井作用，集水井应选在地下水流上方。用水泵抽水时，将桩孔和附近的地下水位降至井底，使井底部免除水淹状态下施工（图5.42）。

⑧对于桩端入岩，手风钻难于作业时，可采用无声破碎方法进行。若用炸药小爆破形式，要制订爆破方案，经有关部门批准。孔内爆破时，现场其他孔内作业人员必须全部撤离，严格按爆破规定进行操作。

⑨做桩端放大脚时，应及时通知建设、设计单位和质监部门对孔底岩样进行鉴定，经鉴定符合要求后，才进行扩底工作。终孔时，必须清理好护壁污泥和桩底的残渣杂物浮土，清除积水，经验收合格，并办理好签认手续。应迅速组织浇灌桩心混凝土，以免浸泡使土层软化。

图5.42　抽水

（4）人工控挖孔桩施工工艺流程

放线定桩位及高程→开挖第1节桩孔土方→支护壁模板→检查桩位中心线→浇筑护壁混凝土→检查桩位中心线→架设垂直运输架→安装辘轳→开挖第2节桩孔土方（修边）→支护壁模板→浇筑第2节护壁混凝土→检查桩位中心轴线→逐层向下循环作业至孔底→验收桩孔→吊放钢筋笼→验收钢筋笼→灌注混凝土→桩基础检测→子分部验收。

①放线定桩位。依据建筑物测量控制网及基础平面开挖布置示意图，测定桩位中心线及高程控制点。确定桩位中心点，以桩中心为圆心，以桩身半径加护壁厚度为半径画出上部（及第1节护壁）的圆周，确定开挖尺寸线。上口经预检合格后开挖。

②挖第1节桩孔土方，支模浇筑第1节护壁：

a.开挖第1节桩孔土方。开挖桩孔应从上到下逐层进行，黏土、细砂、砂砾用短柄铁镐，挖强风化岩层用锄头、钢钎，入岩（中微风化）或遇顽石用风压机带动风镐。先挖中间部分的土方，然后扩及周边，有效地控制开挖孔的截面尺寸。土层开挖视土质好坏和操作难易程度，每步挖深可定为0.5~1 m，每步挖后立即清除，并对周围进行清壁处理，校核垂直度和孔径，检查无误后方可进行下一步挖土。

b.支护壁模板附加钢筋。为防止桩孔壁塌方，确保安全施工，成孔时每进尺1 m要设置钢筋混凝土护壁一次，使其与土壁紧密结合。护壁模板采用拆上节、支下节的方式重复周转使用。模板之间用卡具、扣件连接固定，不设水平支撑，以便于操作。第1节护壁要高出地坪150~200 mm，便于挡土、挡水。桩位轴线和高程均应标定在第1节护壁上口，护壁厚度按设计图确定。

c.浇筑第1节护壁混凝土。桩孔护壁混凝土每挖完一节以后应立即浇筑混凝土，人工浇筑、人工捣实，混凝土强度等级为C20，坍落度控制在100 mm，确保孔壁的稳定性。

③二次投测标高及定位轴线。当第1节护壁混凝土拆模后，立即把轴线位置标定在护壁上，并用水准仪把相对水平标高标记在第1圈护壁内，作为控制桩孔位置和垂直度及确定桩的深度和桩顶标高的依据。根据第1节护壁所做标记测量确定第2节护壁的位置。每节以十字

线对中,吊大线锤作中心控制用,用杆找圆周,以基准点测量孔深,以保证桩位、孔深和截面尺寸的正确。二次投测标高如图 5.43 所示。

图 5.43　二次投测标高

④架设垂直运输支架。第 1 节桩孔成孔以后,即着手在桩孔上口架设垂直运输支架。支架可采用木吊架,搭设应稳定、牢固。在垂直运输支架上安装滑轮组和电动葫芦,选择适当位置安装卷扬机。地面运土用手推车或翻斗车。安装吊桶、照明、活动盖板、水泵和通风机。在安装滑轮组及吊桶时,注意使吊桶与桩孔中心位置重合,作为挖土时直观控制桩位中心和护壁支模的中心线。

⑤挖第 2 节桩孔土方清理桩孔四壁,校核垂直度及直径。从第 2 节开始,利用提升设备运土,桩孔内人员应戴好安全帽,地面人员应系好安全带。吊桶离开孔口上方 1.5 m 时,推动活动安全盖板,掩蔽孔口,防止卸土的土块、石块等杂物坠入孔内伤人。吊桶在小推车内卸土后,再打开活动盖板,下放吊桶装土。桩孔挖至规定的深度后,用支杆检查桩孔的直径及井壁圆弧度,修整孔壁。井壁内部上下应垂直平顺。

⑥拆上节模板、支第 2 节模板、浇筑第 2 节混凝土。开挖第 2 节桩孔土方后,先拆除第 1 节护壁模板再支第 2 节护壁模板,安放附加钢筋,并与上节预留的竖向钢筋连接,护壁模板采用拆上节、支下节的方式依次周转使用。支护第 2 节护壁模板,要求上节护壁的下部嵌入下节护壁的上部混凝土中,上下搭接 50 ~ 75 mm。护壁钢筋的连接方式采用绑扎连接,搭接长度为 250 mm。模板上口留出高度为 100 mm 的混凝土浇筑口,接口处应捣固密实。拆模后用混凝土或砌砖堵严,水泥砂浆抹平,拆模强度达到 1 MPa。混凝土用串筒输送,人工浇筑,人工插捣密实。混凝土可由试验确定掺入早强剂,以加速混凝土硬化。

⑦检查桩位中心轴线及标高。以桩孔口的定位线为依据,逐节校测桩位中心轴线及标高。

⑧逐层向下循环作业至孔底。将桩孔挖至设计深度,清除虚土,检查土质情况。桩底应支承在持力层上。

⑨检查持力层后进行扩底。扩底部分采取先挖桩身圆柱体,再按扩底尺寸从上到下修土

形成扩底形状。为防止扩底时扩大处的土方坍塌，宜采取间隔挖土措施，留一定数量土肋条作为支撑，待浇筑混凝土前再挖除。

⑩验收桩孔清理虚土、排除积水、检查尺寸和持力层。成孔以后必须对桩身直径、扩头尺寸、孔底标高、桩位中线、井壁垂直度、虚土厚度进行全面测定。做好施工记录，办理隐蔽验收手续。验收合格后，应立即封底和浇筑桩身混凝土。

⑪吊放钢筋笼、浇筑混凝土：

a. 钢筋笼安装（图5.44）。由吊车安装钢筋笼时，采用两点起吊。第一吊点设在钢筋笼骨架的下部，第二吊点设在骨架长度的中点到上部1/3处之间，并采取措施对起吊点予以加强，以保证钢筋笼在起吊时不变形。吊放钢筋笼入孔时对准桩孔中心，保持垂直、轻放、慢放入孔，入孔后应徐徐下放，不宜左右旋转。严禁高提猛落和强制下放，严禁摆动碰撞孔壁。若遇阻碍应停止下放，查明原因并处理。

b. 浇筑混凝土（图5.45）。混凝土用粒径小于50 mm的石子，水泥用42.5级普通水泥或矿渣水泥，坍落度为4 ~ 8 cm，用机械拌制。用翻斗汽车、机动车、手推车将混凝土向桩孔内灌筑。浇筑桩身混凝土时，混凝土必须通过溜槽；当高度超过3 m时，应用串筒，串筒末端离孔底高度不宜大于2 m，混凝土宜采用插入式振捣器振实。如地下水位上升速度快（孔中水位上升速度大于6 mm/ min），应采用混凝土导管水中灌注混凝土工艺。浇筑混凝土如遇渗水量过大时，应采取有效措施保证混凝土质量。

图5.44 钢筋笼安装

图5.45 浇筑完成后的桩

混凝土须垂直灌入桩孔内，并应连续分层灌注，每层厚度不超过2 m。桩孔为小直径时，孔内6 m以下利用混凝土的大坍落度和下冲力使之密实；6 m以内分层捣实。桩孔为大直径时应分层捣实，或用卷扬机吊导管上下插捣。对直径小、深度大的桩，下井人工振捣有困难时，可在混凝土中掺水泥用量0.25%的木钙减水剂，使混凝土坍落度增至13 ~ 18 cm。利用混凝土大坍落度和下冲力使之密实，但在桩上部有钢筋部位仍应使用振捣器振捣密实。

（5）施工质量验收

挖孔桩成孔后，技术负责人和质检员对每个桩孔逐个检查验收，合格后填写人工挖孔桩成孔检验记录表。每批桩孔检查合格后填写隐蔽工程检查记录表，请建设、监理等单位各有关人员共同办理验收签字手续。

人工挖孔灌注桩施工完成后,需按要求填写检验批质量验收记录表。施工验收主要内容如下。

①主控项目:

a. 混凝土的原材料和混凝土强度必须符合设计要求和施工规范的规定。

b. 桩芯灌注混凝土量不得小于计算体积。

c. 灌注混凝土的桩顶标高及浮浆处理必须符合设计要求和施工规范的规定。

d. 成孔深度和终孔基岩必须符合设计要求。

e. 钢筋的品种和质量、焊条型号必须符合设计要求和有关标准的规定。

f. 钢筋焊接接头必须符合钢筋焊接及验收的专门规定。

②一般项目:

a. 混凝土制作必须按照混凝土配合比下料,严格控制用水量。

b. 灌注混凝土时,必须随灌随振,每次灌注高度不得大于 800 mm。

c. 钢筋笼的主筋搭接和焊接长度必须符合规范的规定。焊接应互相错开,35d(d 为钢筋直径)区段范围内的接头数不得超过钢筋总数的 1/2。

d. 钢筋笼加劲箍和箍筋、焊点必须密实牢固,漏焊点数不得超出规范的规定要求。

e. 孔圈中心线和桩中心线应重合,轴线的偏差不得大于 20 mm,同一水平面上的井圈任意直径的偏差不得大于 50 mm。

f. 护壁混凝土厚度及配筋应按设计规定要求,连接钢筋插入上下护壁内不小于护壁高的 1/2。护壁直径(外、内)误差不大于 5 cm。

2)长螺旋钻孔压灌桩

长螺旋钻孔压灌桩技术是采用长螺旋钻机钻孔至设计标高,至设计深度后进行孔底清理,利用混凝土泵将混凝土从钻头底压出,边压灌混凝土边提升钻头直至成桩,然后利用专门振动装置将钢筋笼一次插入混凝土桩体,形成钢筋混凝土灌注桩。其特点是:成孔不用泥浆或套管护壁,施工无噪声、无振动,对环境无泥浆污染;机具设备简单,装卸移动快速,施工准备工作少,工效高,降低施工成本等。

(1)主要机具设备

采用 LZ 型或 KL600 型长螺旋钻机,带硬质合金钻头。另配钢筋加工、混凝土拌制、浇筑系统设备。

(2)施工操作工艺

①钻机就位。钻机就位时应校正,要求保持平整、稳固,使其在钻进时不发生倾斜或移动。在钻架上应有控制深度标尺,以便在施工中进行观测、记录。

②钻孔。先调直桩架、钻杆,对好桩位;启动钻机钻入 0.5 ~1 m 深,检查一切正常后,再继续钻进,土块随螺栓叶片上升排出孔口,达到设计深度后停钻、提钻,检查成孔质量;检查合格后即可移动钻机至下一桩位。

③清土。钻进过程中,排出孔口的土应随时清除、运走,钻到预定深度后,应在原深处空转清土,然后停止回转,提钻杆,但不转动。孔底虚土厚度超过标准时,应分析原因,采取措施处理。

④钻进各种情况处理。钻进时如严重塌孔、有大量的泥土,需回填砂或黏土重新钻孔或向

孔内倒少量土粉或石灰粉。如遇有含石块较多的土层,或含水量较大的软塑黏土层时,应注意避免钻杆晃动引起孔径扩大,致使孔壁附着振动土和孔底增加回落土。

⑤虚土厚度控制。清孔后应用测绳(锤)或手提灯测量孔深及虚土厚度。虚土厚度等于钻深与孔深之差值,一般不应大于 100 mm。如清孔时少量浮土泥浆不易清除,可投入 25 ~ 60 mm厚的卵石或碎石,以挤密土体。

⑥钢筋笼吊放。钢筋笼骨架应一次绑扎好,并绑好砂浆块,以保证孔位吊直扶稳或用导向钢筋缓慢送入孔内,注意勿碰孔壁。钢筋笼下放到设计位置后,应立即固定。钢筋笼保护层厚度应符合要求。钢筋笼过长时,可分两段吊放,采用电焊连接。

⑦灌注混凝土。钢筋笼定位后,立即灌注混凝土,以防塌孔。混凝土的坍落度一般为 8 ~ 10 cm。为保证其和易性及坍落度,应适当调整含砂率、掺减水剂和粉煤灰等。

⑧桩混凝土浇筑。桩混凝土浇筑应连续进行,分层振实,分层高度一般不得大于 1.5 m,用接长软轴的插入式振捣器,配以钢钎捣实。浇筑至桩顶时,应适当超过桩顶设计标高,以便在凿除桩顶浮浆层后,标高符合设计要求。

⑨桩顶插筋。桩顶有插筋时,应使插筋垂直插入,防止插斜或插偏,并应保持有足够的保护层。

(3)质量检查

①桩体质量检查:采用动力法检测时,设计为甲级地基或地质条件复杂、成桩质量可靠性低的灌注桩,抽检数量为总数的 30%,且不少于 20 根;其他桩不少于总数的 20%,且不少于 10 根;对地下水位以上且终孔后经过核查的灌注桩,检查不少于总数的 10%,且不少于 10 根;每个柱子承台下不少于 1 根。

②混凝土强度:每 50 m^3 必须有一组试件,小于 50 mm^3 的桩取一组试块;每根桩必须有一组试件。

③承载力:对于地基基础设计等级为甲级或地质条件复杂、成桩质量可靠性低的灌注桩,应采用静载荷试验的方法进行检验。检验桩数不应少于总数的 1%,且不少于 3 根,当总桩数少于 50 根时,不应少于 2 根;其他桩应采用高应变动力法检测,对地质条件、桩型、成桩机具和工艺相同、同一单位施工的桩基,检验桩数不少于总桩数的 2%,且不少于 5 根。

(4)施工注意事项

①钻孔时,应注意地层土质变化,遇有砂砾石、卵石或流塑淤泥、上层滞水,应立即采取措施处理,防止塌方。出现钻杆跳动、机架摇晃、钻不进尺等异常情况,应立即停机检查。

②操作中要及时清理虚土,必要时应进行二次施钻清理;钻孔完毕,孔口应用盖板盖好,防止土掉入孔内,禁止盖板上行车。

③钢筋在堆放、运输、起吊和就位过程中,应严格按操作规程和保证质量技术措施执行,以防钢筋笼变形或损坏孔壁。

④混凝土浇筑应严格按操作工艺边浇筑混凝土边振捣;严禁把土层杂物与混凝土一起灌入桩孔内,防止出现缩颈、空洞、夹土等质量通病。

⑤混凝土浇筑到桩顶时,应随时测量桩顶标高,以免桩顶过高造成截桩。

5.4.3 沉管灌注桩

沉管灌注桩采用与桩设计尺寸相适应的钢管（即套管），在端部套上桩尖沉入土中后。在套管内吊放钢筋骨架，然后边浇筑混凝土边振动或锤击拔管，利用拔管时的振动捣实混凝土而形成所需要的灌注桩。沉管桩对周围环境有噪声、振动、挤压等影响。

套管成孔灌注桩是利用锤击打桩法或振动沉桩法，将带有钢筋混凝土桩靴（又称为桩尖，图5.46）或带有活瓣桩尖（图5.47）的钢套管沉入土中，然后边拔管边灌注混凝土而成。

图5.46　钢筋混凝土桩靴

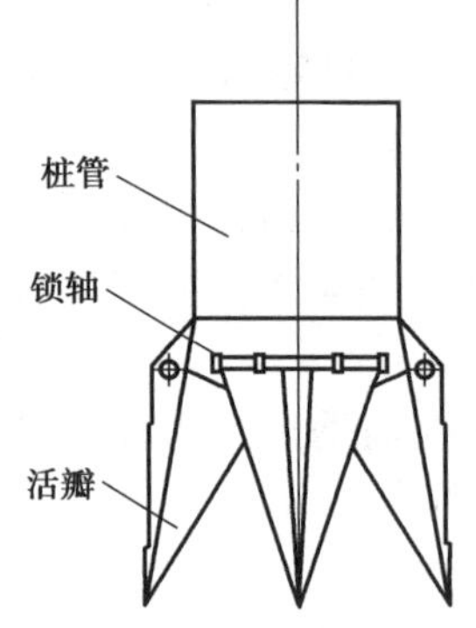

图5.47　活瓣桩尖

若配有钢筋时，则在浇筑混凝土前先吊放钢筋骨架。

利用锤击沉桩设备沉管、拔管时，称为锤击沉管灌注桩，如图5.48所示。

利用激振器的振动沉管、拔管时，称为振动沉管灌注桩，如图5.49所示。

图5.48　锤击沉管设备

图5.49　振动沉管设备

1）锤击沉管灌注桩

利用锤击式桩锤将带有桩尖的钢管沉入土中形成桩孔，然后放入钢筋笼、浇筑混凝土，最

后拔出钢管,形成所需的灌注桩。这种方法适用于一般黏性土、淤泥质土、砂土和人工填土地基,但不能在密实的砂砾石、漂石层中使用。锤击沉管灌注桩常采用单打法、复打法等施工工艺。

(1)锤击沉管灌注桩施工工艺

立管→对准桩位套入桩靴、压入土中→检查→低锤轻击→检查有无偏移→正常施打至设计标高→第一次浇灌混凝土→边拔管、边锤击、边继续浇灌混凝土→安放钢筋笼、继续浇灌混凝土至桩顶设计标高(图5.50)。

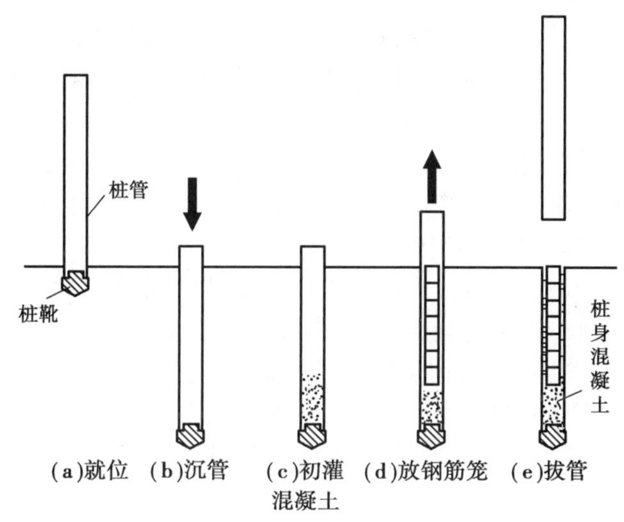

图5.50 沉管灌注桩施工过程

①就位。用桩架吊起桩管,关闭桩尖活瓣或对准预设在桩位处的预制混凝土桩靴,套入桩靴。然后缓缓放下套管,压进土中。

②沉管。桩管上端扣上桩帽,检查桩管与桩锤是否在同一垂直线上,桩管偏斜不大于0.5%时,即可起锤沉管。先低锤轻击,观察如无偏移方可正常施打,直至符合设计要求的贯入度或标高。

③混凝土浇灌。检查桩管内有无泥浆或水进入,即可灌注混凝土。第一次浇灌混凝土时桩管内应尽量灌满,拔管过程中应向桩管内继续浇灌混凝土,并使桩管内混凝土保持略高于地面。

④拔管。混凝土灌满桩管后,拔管即可进行。一边拔管、一边锤击,拔管速度要均匀,一般土层以1 m/ min为宜,软弱土层以0.3 ~0.8 m/ min为宜。对于倒打拔管的速度,单动汽锤不得少于50次/ min,自由落锤不少于40次/ min。在管底未拔至桩顶设计标高时,倒打和轻击不得中断。

(2)锤击沉管灌注桩构造要求

①锤击灌注桩施工时,用桩架吊起钢套管,关闭活瓣或对准预先设在桩位处的预制混凝土桩靴,套入桩靴。

②套管与桩靴连接处要垫以麻、草绳,以防止地下水渗入管内。

③缓缓放下套管,压进土中。

④套管上端扣上桩帽,检查套管与桩锤是否在一垂直线上,套管偏斜不大于0.5%时,即可起锤沉管。

⑤先用低锤轻击,观察后如无偏移,方可正常施打,直至符合设计要求的贯入度或沉入标高。

⑥检查管内有无泥浆或水进入,即可灌注混凝土。套管内混凝土应尽量灌满,然后开始拔管。拔管要均匀,不宜拔管过高。拔管时应保持连续密锤低击不停。

2)振动沉管灌注桩

振动冲击沉管灌注桩是利用振动桩锤(又称"激振器")将桩管沉入土中,然后灌注混凝土而成。这种灌注桩与锤击沉管灌注桩相比,更适合于稍密及中密的砂土地基施工。

振动沉管采用振动锤或振动冲击锤沉管,利用桩机强迫振动频率与土的自振频率相同时产生的共振而沉管。沉桩前,将桩管下端活瓣合拢或套入桩靴,对准桩位,徐徐放下桩管压入土中,勿使偏斜,即可开动激振器沉管。桩管受振后与土体之间摩阻力减小,同时利用振动锤自重在桩管上加压,桩管即可沉入土中。

振动沉管灌注桩的施工工艺可分为单振法、复振法和反插法3种。

①单振法施工是在桩管灌满混凝土后,开动振动器,先振动5~10 s,再开始拔管。应边振边拔,每拔0.5~1 m,停拔5~10 s,但保持振动。如此反复,直至桩管全部拔出。

②复振法施工适用于饱和黏土层。在单振法施工完成后,再把活瓣桩尖闭合起来,在原桩孔混凝土中第二次沉下桩管,将未凝固的混凝土向四周挤压,然后进行第二次灌注混凝土和振动拔管。

③反插法施工是在桩管灌满混凝土后,先振动再开始拔管,每次拔管高度为0.5~1.0 m,反插深度为0.3~0.5 m。在拔管过程中分段添加混凝土,保持管内混凝土面始终不低于地表面或高于地下水位1.0~1.5 m以上,拔管速度应小于0.5 m/ min。如此反复进行,直至桩管拔出地面。反插法能使混凝土的密实性增加,宜在较差的软土地基施工中采用。

3)沉管灌注桩常遇问题和处理方法

(1)孔壁塌陷

钻进过程中,如发现排出的泥浆不断出现气泡或泥浆液面突然下降,这表示有孔壁坍陷迹象。

预防及处理措施:护筒周围用黏土填封密实,钻进过程中及时添加新鲜泥浆,使其高于孔外水位;遇流砂、松散土层时适当加大泥浆比重,控制钻进速度和空转时间;孔壁坍陷时应保持孔内泥浆液位并加大泥浆比重以稳孔护壁。如孔坍陷严重,应提出钻具立即回填黏土,待孔壁稳定后再钻。

(2)钻孔偏斜

在钻进过程中,钻杆不垂直、土层软硬不均或碰到孤石都会引起钻孔偏斜。

预防措施:钻机安装时对导架进行水平和垂直校正,发现钻杆弯曲时应及时更换,遇软硬土层应低速钻进;出现钻杆偏斜时可提起钻头,上下反复扫钻几次。如纠正无效,应在孔中局部回填黏土至偏孔处0.5 m以上,稳定后再重新钻进。

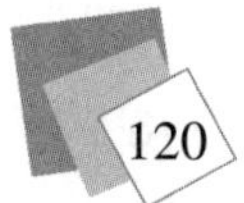

(3)颈缩

颈缩:指桩身的局部直径小于设计要求的现象。

原因:在淤泥和软土层沉管时,由于受挤压的土壁产生空隙水压,拔管后便挤向新灌注的混凝土,桩局部范围受挤压形成颈缩。当拔管过快或混凝土量少,或混凝土拌合物和易性差时,周围淤泥质土趁机填充过来,也会形成颈缩。

处理方法:拔管时应保持管内混凝土面高于地面,使之具有足够的扩散压力,混凝土坍落度应控制在 50 ~70 mm。拔管时应采用复打法,并严格控制拔管的速度。

(4)断桩

断桩:桩身局部分离或断裂,更为严重的是某一段桩没有混凝土。

原因:桩距离太近,相邻桩施工时混凝土还未具备足够的强度,已形成的桩受挤压而断裂。

处理方法:施工时,控制中心距离不小于 4 倍桩径;确定打桩顺序和行车路线,减少对新灌注混凝土桩的影响。采用跳打法或等已成型的桩混凝土达到 60% 设计强度后,再进行下一根桩的施工。

(5)吊脚桩

吊脚桩:桩底部混凝土隔空或松软,没有落实到孔底地基土层上的现象。

原因:当地下水压力大时,或预制桩尖被打坏,或桩尖活瓣缝隙大时,水及泥浆进入套筒钢管内,或由于桩尖活瓣受土压力,拔管至一定高度才张开,使得混凝土下落,造成桩脚不密实,形成松软层。

处理方法:为防止活瓣不张开,开始拔管时可采用密张慢拔的方法,对桩脚底部进行局部翻插几次,然后再正常拔管。桩靴与套管接口处使用性能较好的垫衬材料,防止地下水及泥浆渗入。

(6)混凝土灌注过量

如果灌桩时混凝土用量比正常情况下大 1 倍以上,这可能是孔底有洞穴,或者在饱和淤泥中施工时,土体受到扰动,强度大大降低,在混凝土侧压力作用下,桩身扩大而混凝土用量增大所造成的。因此,施工前应详细了解现场地质情况,在饱和淤泥软土中采用沉管灌注桩时,应先打试桩。若发现混凝土用量过大时,应与设计单位联系,改用其他桩型。

思考与练习

1. 桩基础的分类有哪些?
2. 简述预制桩的施工顺序。
3. 简述灌注桩的施工顺序。
4. 简单说明预制桩与灌注桩的区别和优劣势。

第6章　条形基础施工

6.1　条形基础构造

条形基础是指基础长度远远大于宽度的一种基础形式(图6.1)。按上部结构分为墙下条形基础和柱下条形基础。基础的长度大于或等于10倍基础的宽度。条形基础的特点是,布置在一条轴线上且与两条以上轴线相交,有时也和独立基础相连,但截面尺寸与配筋不尽相同。另外,横向配筋为主要受力钢筋,纵向配筋为次要受力钢筋或者分布钢筋。主要受力钢筋布置在下面。

图6.1　条形基础

6.1.1　墙下条形基础

墙下条形基础是在墙体下的条形基础(图6.2)。用以传递连续的条形荷载,可采用砖、毛石、灰土或素混凝土等材料砌筑而成。当基础上的荷载较大,或地基土承载力较低而需要加大基础宽度时,也可采用钢筋混凝土条形基础,以承受所产生的弯曲应力。

墙下钢筋混凝土条形基础的构造要求如下:

①垫层的厚度不宜小于70 mm,通常采用100 mm。

②锥形基础的边缘高度不宜小于200 mm,阶梯形基础的每一级高度宜为300~500 mm。

③受力钢筋的最小直径不宜小于10 mm,间距不宜大于200 mm,也不宜小于100 mm。分

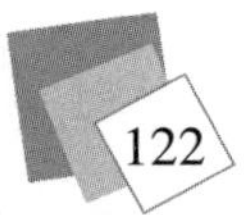

布钢筋的直径不宜小于 8 mm,间距不大于 300 mm,每延米分布钢筋的面积不小于受力钢筋面积的 15%。

④保护层厚度:有垫层时不小于 40 mm,无垫层时不小于 70 mm。

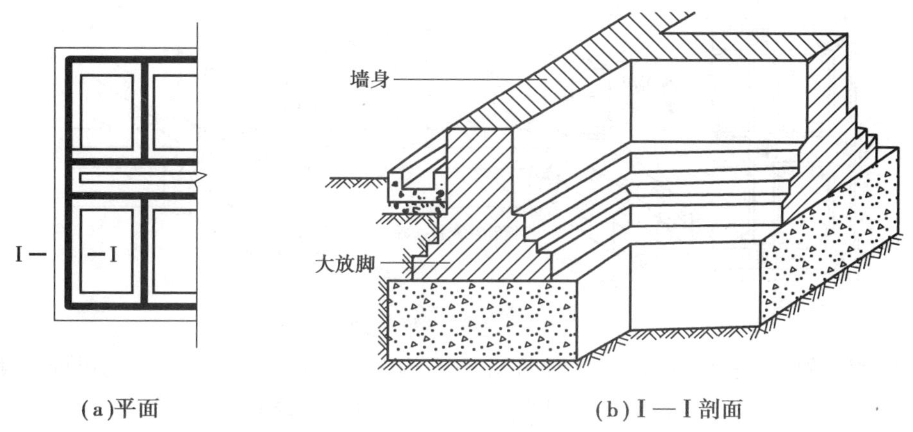

(a)平面　　(b)Ⅰ—Ⅰ剖面

图 6.2　墙下条形基础

6.1.2　柱下条形基础

柱下条形基础是单列柱下的条形基础采用钢筋混凝土建造,适用于柱下承受较大的荷载或地基承载力较小时,采用独立基础会发生过大的沉降和差异沉降;柱下靠近建筑物,独立基础平面尺寸受限制或基础间距较小的情况,分为沿柱列一个方向延伸的条形基础梁和沿两个正交方向延伸的交叉基础梁(图 6.3)。

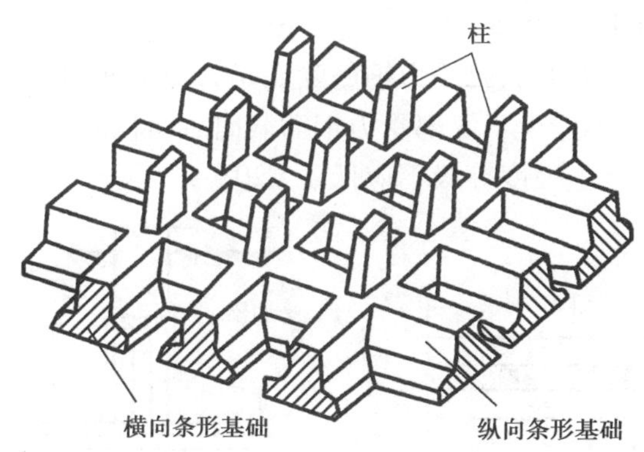

图 6.3　交叉基础梁

柱下条形基础是一种常用于软弱地基上框架结构或排架结构的基础类型(图 6.4)。作为建筑物的基础,它不仅要承受上部结构通过柱子传下来的荷载,而且还需要这些荷载传到地基上, 同时必须使上部结构满足设计和使用要求。当荷载较大或地基土层软弱时, 若采用独立基础,则相邻基础之间有较大的沉降差且基底尺寸会较大,甚至有可能相邻基础出现相碰现象,需要增加基础的刚度,以减少地基变形,防止过大的不均匀沉降量。单排柱下为单向条形基础,多排柱下可做成交叉条形基础。为了分散荷载和调整地基的不均匀沉降,将相邻基础连接在一起,就形成柱下条形基础。由于条形基础有较高的梁肋和一定的底宽，因此,其抗弯刚度较大,具有调整地基不均匀沉降的作用。上部结构传下的荷载较大,地基土的承载力较低,交叉条形基础则形成很大的空间刚度,在多层厂房及高层房屋基础常被采用。

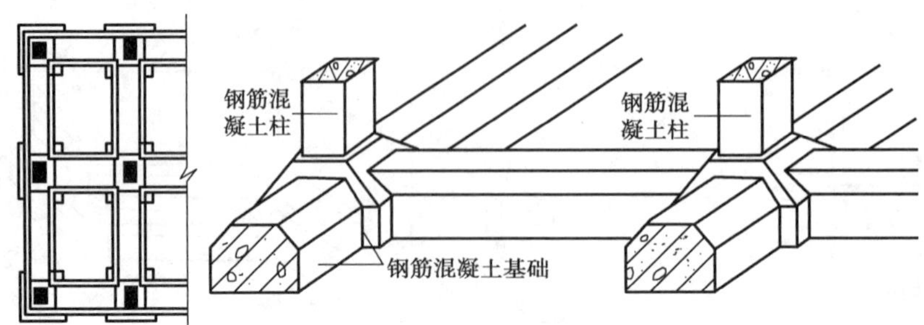

图 6.4　柱下条形基础

当地基较为软弱、柱荷载或地基压缩性分布不均匀,以至于采用扩展基础可能产生较大的不均匀沉降时,常将同一方向(或同一轴线)上若干柱子的基础连成一体而形成柱下条形基础。这种基础的抗弯刚度较大,因而具有调整不均匀沉降的能力,并能将所承受的集中柱荷载较均匀地分布到整个基底面积上。

柱下条形基础的构造(图 6.5),除满足《建筑地基基础设计规范》(GB 50007—2011)的要求外,还应符合下列规定:

①柱下条形基础梁的高度宜为柱距的 1/4 ~ 1/8。翼板厚度不应小于 200 mm。当翼板厚度大于 250 mm 时,宜采用变厚度翼板,其坡度宜小于或等于 1∶3。

②条形基础的端部宜向外伸出,其长度宜为第一跨距的 1/4。

③在现浇柱与条形基础梁的交接处,基础梁的平面尺寸应大于柱的平面尺寸,且柱的边缘至基础梁边缘的距离不得小于 50 mm。

④条形基础梁顶部和底部的纵向受力钢筋除满足计算要求外,顶部钢筋按计算配筋全部贯通,底部通长钢筋截面积不应少于底部受力钢筋截面总面积的 1/3。

⑤柱下条形基础的混凝土强度等级不应低于 C20。

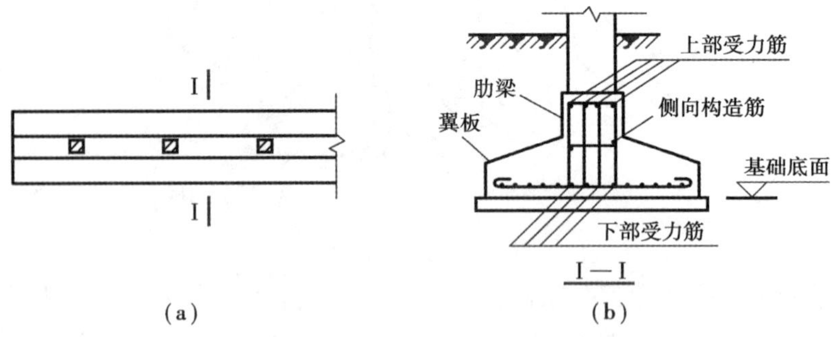

图 6.5　柱下条形基础钢筋布置

柱下条形基础的计算,除应符合《建筑地基基础设计规范》(GB 50007—2011)的要求外,还应符合下列规定:

①在比较均匀的地基上,上部结构刚度较好,荷载分布较均匀,且条形基础梁的高度不小

于 1/6 柱距时,地基反力可按直线分布,条形基础梁的内力可按连续梁计算,此时边跨跨中弯矩及第一内支座的弯矩值宜乘以系数 1.2。

②当不满足本条第一款的要求时,宜按弹性地基梁计算。

③对交叉条形基础,交点上的柱荷载可按交叉梁的刚度或变形协调的要求进行分配。其内力可按本条上述规定,分别进行计算。

④验算柱边缘处基础梁的受剪承载力。

⑤存在扭矩时,还应作抗扭计算。

⑥条形基础的混凝土强度等级小于柱的混凝土强度等级时,还应验算柱下条形基础梁顶面的局部受压承载力。

6.2　条形基础施工工艺

地基和基础都是建筑物的根基。地基的选择或处理是否正确,基础的设计与施工质量的好坏均直接影响到建筑物的安全性、经济性和合理性。九层之台,起于垒土,本节详细介绍条形基础的施工。

条形基础施工步骤为:基槽开挖→浇筑垫层→绑扎条形基础钢筋→立条形基础模板→浇筑条形基础混凝土→砌砖基→绑扎地圈梁钢筋和构造柱插筋→立地圈梁模板→浇筑地圈梁混凝土→拆除地圈梁模→基础填土→安装预应力空心板。

6.2.1　基槽开挖

测量好用白灰做好标记,挖土采用反铲挖掘机开挖,开挖尺寸比基础尺寸每边各留出 300 mm 工作面,作为侧面支模的位置(图 6.6)。人工辅助修坡修底,沿房屋纵向,由一端逐步后退开挖,挖出的土立即运出场外。

图 6.6　条形基础基槽开挖

6.2.2　浇筑垫层

基槽开挖、清理并验槽合格后,随即清除表层浮土及扰动土,不留积水,立即进行垫层混凝土施工(图6.7)。垫层混凝土必须振捣密实,控制好厚度、宽度,表面用刮尺平整,每隔1 m钉1个竹桩。

图6.7　浇筑垫层混凝土

6.2.3　绑扎条形基础钢筋

绑扎前用粉笔画好受力钢筋的间距,在转角、T字形和十字形交接处应重叠布置,沿基底宽度的受力筋应放置在底部,沿纵向的分布筋应放在上部(图6.8)。受力钢筋弯钩朝上,绑扎完成后垫35 mm垫块,请监理工程师做隐蔽工程验收。

图6.8　基础钢筋绑扎

6.2.4　立条形基础模板

采用胶合模板,支撑采用松方木,模板整条安装后要拉线调直,两侧与基槽土壁顶牢(图6.9)。

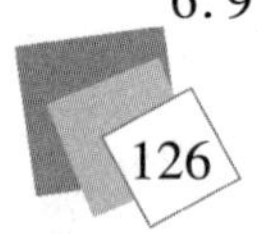

图 6.9　基础模板安装

6.2.5　浇筑条形基础混凝土

安排两个小组，分别从两端向中间合拢，规定时间内浇筑完成。采用插入式振捣棒垂直振捣，动作要快，插点要均匀排列逐点移动进行（图 6.10）。

分层浇筑时，每层不超过振捣棒长的 1.5 倍，在振捣上一层时应插入下一层 3 ~ 5 cm，以加强两层接触。可采用并列或交错式振捣以免漏振，振捣棒不得触动钢筋。

图 6.10　混凝土浇筑

6.2.6　砌砖基

砖头应采用耐腐蚀的青砖，砂浆应为 MU7.5 水泥砂浆，采用一顺一丁砌筑法，灰缝在 10 mm 左右，接茬留在中间做成（图 6.11）。

图 6.11　砖基砌筑

砖基砌到顶上的 3 皮时，应按间隔 1 m 留一个 120 mm×120 mm 洞眼，作为上部地圈梁支模用，地圈梁模板拆除后及时将洞眼补上。

6.2.7　绑扎地圈梁钢筋和构造柱插筋

地圈梁的钢筋连接可以不采用焊接，梁的上部接头位置宜设置在跨中 1/3 的范围内，下部钢筋接头的位置宜设置在梁端 1/3 跨度范围内(图 6.12)。上下两排钢筋的接头要互相错开。

图 6.12　地圈梁钢筋绑扎

6.2.8　立地圈梁模板

支模完成后，应保持模内清洁，防止掉入砖头、石子、木屑等杂物，应保护钢筋不受扰动（图6.13、图6.14）。

图6.13　条形基础模板支设

图6.14　地圈梁模板支设

6.2.9　浇筑地圈梁混凝土

混凝土要连续浇筑，避免中断，浇筑时保证混凝土保护层及钢筋位置正确，不得踩踏钢筋（图6.15）。

图 6.15　浇筑地圈梁混凝土

6.2.10　拆除地圈梁模板

混凝土浇筑完成 24 h 或强度达到 1.2 MPa 即可拆除地梁两侧的侧模,梁底不能拆除。拆除侧模不能破坏地梁混凝土的观感(图 6.16)。

图 6.16　拆除地圈梁模板

6.2.11　基础回填

回填土的材质要符合要求,回填土要分层回填,每个开间的高度要一致,严禁一次倒满,夯实时两个开间最好同时进行,避免对基础墙产生侧压力(图 6.17)。

图6.17 基础回填

6.2.12 安装预应力空心板

安装预应力空心板时，要注意接缝的严密情况，安装时对各部分模板进行精度控制（图6.18）。安装完毕后进行全面检查，若超出容许偏差及时纠正。

图6.18 安装预应力空心板

6.2.13 施工注意事项

①地基验槽后立即进行垫层混凝土施工，混凝土垫层施工时必须设置标高控制桩，标高控制桩间距不大于2 m。垫层须平整、密实。

②垫层混凝土达到1.2 MPa后，应按轴线弹线。条形基础在T字形或十字形交界处的钢筋应沿一个主力方向通长放置。

③钢筋绑扎前与模板安装后，应分两次检查、核对轴线与标高，各类基础均应设置水平桩或弹上口线。

④浇筑混凝土前，必须清除模板内的木屑、泥土、烟蒂等杂物，清除积水。

6.3 条形基础质量验收

6.3.1 依据标准

①《建筑工程施工质量验收统一标准》(GB 50300—2013)。
②《建筑地基基础工程施工质量验收规范》(GB 50202—2018)。
③《钢筋混凝土结构工程施工质量验收规范》(GB 50204—2015)。
④《普通混凝土配合比设计规程》(JGJ 55—2011)。
⑤《砌筑砂浆配合比设计规程》(JGJ 98—2011)。
⑥《普通混凝土用砂、石质量及检验方法标准》(JGJ 52—2006)。
⑦《普通混凝土用碎石或卵石质量标准及检验方法》(GJ 53—92)。
⑧《混凝土外加剂应用技术规范》(GBJ 50119—2013)。

6.3.2 适用范围

适用于工业及民用建筑条形基础项目。

6.3.3 施工准备

(1)作业条件

①由建设、监理、施工、勘察、设计单位进行地基验槽,完成验槽记录及地基验槽隐检手续,如遇地基处理,办理设计洽商,完成后监理、设计、施工三方复验签认。

②完成基槽验线预检手续。

(2)材质要求

①水泥:根据设计要求选水泥品种、强度等级。

②砂、石子:有试验报告,符合规范要求。

③水:采用饮用水。

④外加剂、掺合料:根据设计要求通过试验确定。

⑤商品混凝土所用原材须符合上述要求,必须具有合格证、原材试验报告、符合防碱集料反应要求的试验报告。

⑥钢筋要有材质证明、复试报告。

(3)工器具

工器具有搅拌机、磅秤、手推车或翻斗车、铁锹、振捣棒、刮杠、木抹子、胶皮手套、串筒或溜槽等。

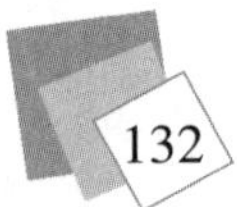

6.3.4　操作工艺

(1)工艺流程

清理→混凝土垫层→清理→钢筋绑扎→支模板→相关专业施工→清理→混凝土搅拌→混凝土浇筑→混凝土振捣→混凝土找平→混凝土养护。

(2)清理及垫层浇灌

地基验槽完成后,清除表层浮土及扰动土,不得积水,立即进行垫层混凝土施工。混凝土垫层必须振捣密实,表面平整,严禁晾晒基土。

(3)钢筋绑扎

垫层浇筑完成达到一定强度后,在其上弹线、支模、铺放钢筋网片。

上下部垂直钢筋绑扎牢固,将钢筋弯钩朝上,按轴线位置校核后用方木架成井字形,将插筋固定在基础外模板上;底部钢筋网片应用与混凝土保护层同厚度的水泥砂浆或塑料垫块垫塞,以保证位置正确,表面弹线进行钢筋绑扎,钢筋绑扎不允许漏扣;柱插筋除满足搭接要求外,应满足锚固长度的要求。

当基础高度在 900 mm 以内时,插筋伸至基础底部的钢筋网上,并在端部做成直弯钩;当基础高度较大时,位于柱子四角的插筋应伸到基础底部,其余的钢筋只需伸至锚固长度即可。插筋伸出基础部分长度应按柱的受力情况及钢筋规格确定。

与底板钢筋连接的柱四角插筋必须与底板钢筋成 45°绑扎,连接点处必须全部绑扎,距底板5 cm处绑扎第一个箍筋,距基础顶 5 cm 处绑扎最后一道箍筋,作为标高控制筋及定位筋。柱插筋最上部再绑扎一道定位筋,上下箍筋及定位箍筋绑扎完成后将柱插筋调整到位,并用井字木架临时固定。然后绑扎剩余箍筋,保证柱插筋不变形,两道定位筋在浇筑柱混凝土前必须进行更换。钢筋混凝土条形基础,在 T 字形与十字形交接处的钢筋沿一个主要受力方向通长放置,如图 6.19、图 6.20 所示。

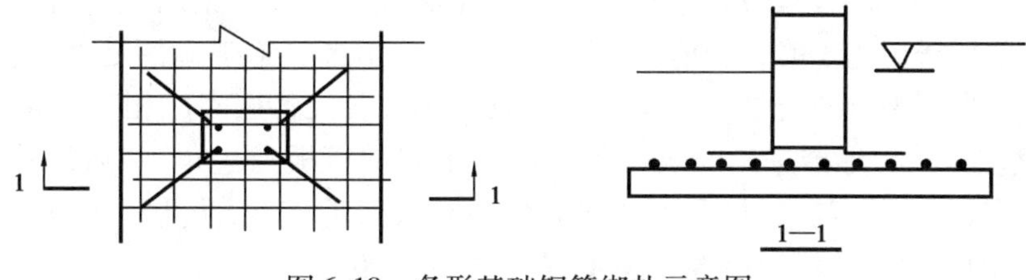

图 6.19　条形基础钢筋绑扎示意图

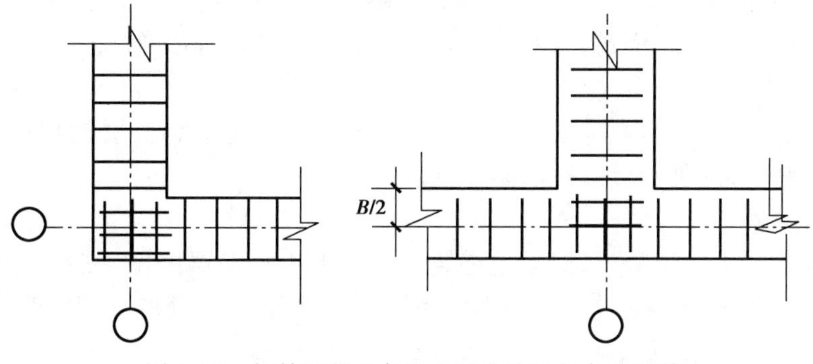

图 6.20　钢筋混凝土条形基础交接和拐角处配筋

(4)模板

钢筋绑扎及相关专业施工完成后立即进行模板安装,模板采用小钢模或木模,利用架子管或木方加固。锥形基础坡度大于30°时,采用斜模板支护,利用螺栓与底板钢筋拉紧,防止上浮,模板上部设透气及振捣孔;坡度不大于30°时,利用钢丝网(间距30 cm),防止混凝土下坠,上口设井字木架控制钢筋位置(图6.21)。

不得用重物冲击模板,不准在掉帮的模板上搭设脚手架,保证模板的牢固和严密。

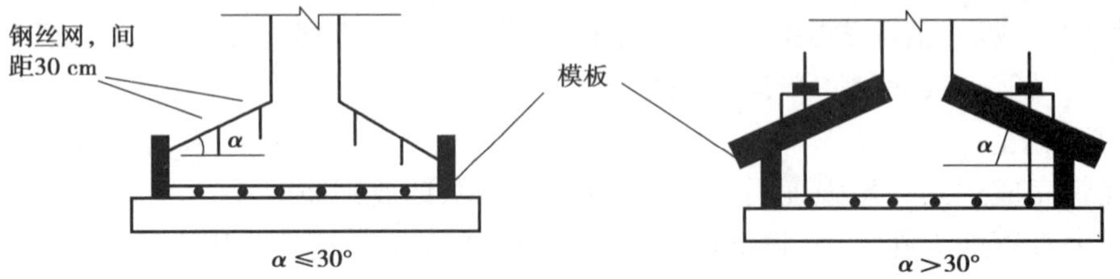

图6.21　锥形模板支护示意

(5)清理

清除模板内的木屑、泥土等杂物,木模浇水湿润,堵严板缝及孔洞,清除积水。

(6)混凝土搅拌

根据配合比及砂石含水率计算出每盘混凝土材料的用量。后台认真按配合比用量投料。投料顺序为:石子→水泥→砂子→水→外加剂。严格控制用水量,搅拌均匀,搅拌时间不少于90 s。

(7)混凝土浇筑

浇筑现浇柱下条形基础时,注意柱子插筋位置正确,防止移位和倾斜。在浇筑开始时,先满铺一层5~10 cm厚混凝土,并捣实,使柱子插筋下段和钢筋网片的位置基本固定,然后对称浇筑。对于锥形基础,应注意保持锥体斜面坡度正确,斜面部分的模板应随混凝土浇捣分段支设并顶压紧,以防止模板上浮变形;边角处的混凝土必须捣实。严禁斜面部分不支模,用铁锹拍实。基础上部柱子后施工时,可在上部水平面留设施工缝。施工缝的处理应按有关规定执行。条形基础根据高度分段分层连续浇筑,不留施工缝,各段各层间应相互衔接,每段长2~3 m,做到逐段逐层呈阶梯形推进。浇筑时先使混凝土充满模板内边角,然后浇筑中间部分,以保证混凝土密实。分层下料,每层厚度为振捣棒的有效振动长度,防止由于下料过厚、振捣不实或漏振、掉帮的根部砂浆涌出等原因造成蜂窝、麻面或孔洞。

浇筑混凝土时,经常观察模板、支架、螺栓、预留孔洞和管有无移动情况。一经发现有变形、走动或位移时,立即停止浇筑,并及时修整和加固模板,然后再继续浇筑。

(8)混凝土振捣

采用插入式振捣棒,插入的间距不大于作用半径的1.5倍。上层振捣棒插入下层3~5 cm,尽量避免碰撞预埋件、预埋螺栓,防止预埋件移位。

(9)混凝土找平

对于表面积比较大的混凝土,混凝土浇筑后使用平板振捣器振捣一遍,然后用大杠刮平,再用木抹子搓平。收面前必须校核混凝土表面标高,不符合要求处应立即整改。

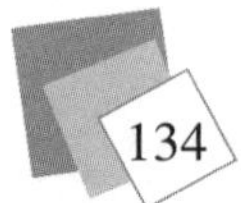

(10)混凝土养护

常温下,已浇筑完的混凝土应在 12 h 左右覆盖和浇水。一般常温养护不得少于 7 d,特种混凝土养护不得少于 14 d。养护设专人检查落实,防止由于养护不及时,造成混凝土表面裂缝。

(11)模板拆除

侧面模板在混凝土强度能保证其棱角不因拆模板而受损坏时方可拆模,拆模前设专人检查混凝土强度。拆除时,采用撬棍从一侧顺序拆除,不得采用大锤砸或撬棍乱撬,以免造成混凝土棱角破坏。

6.3.5 质量标准

要求符合《建筑地基基础工程施工质量验收规范》(GB 50202—2018)、《钢筋混凝土结构工程施工质量验收规范》(GB 50204—2015)的规定。

(1)钢筋加工工程主控项目

①钢筋进场时,应按现行国家标准《钢筋混凝土用钢　第 2 部分:热轧带肋钢筋》(GB/T 1499.2—2018)等的规定抽取试件做力学性能检验,其质量必须符合标准的规定。

②对有抗震设防要求的框架结构,其纵向受力钢筋的强度应满足设计要求;当设计无具体要求时,对一、二级抗震等级,检验所得的强度实测值应符合下列规定:

a. 钢筋的抗拉强度实测值与屈服强度实测值的比值不应小于 1.25。

b. 钢筋的屈服强度实测值与强度标准值的比值不应大于 1.3。

③当发现钢筋脆断、焊接性能不良或力学性能显著不正常等现象时,应对该批钢筋进行化学成分检验或其他专项检验。

④受力钢筋的弯钩和弯折应符合下列规定:

a. HPB235 级钢筋末端应做 180°弯钩,其弯弧内直径不应小于钢筋直径的 2.5 倍,弯钩的弯后平直部分长度不应小于钢筋直径的 3 倍。

b. 当设计要求钢筋末端需做 135°弯钩时,HRB335 级、HRB400 级钢筋的弯弧内直径不应小于钢筋直径的 4 倍,弯钩的弯后平直部分长度应符合设计要求。

c. 钢筋做不大于 90°的弯折时,弯折处的弯弧内直径不应小于钢筋直径的 5 倍。

⑤除焊接封闭环式箍筋外,箍筋的末端应做弯钩,弯钩形式应符合设计要求;当设计无具体要求时,应符合下列规定:

a. 箍筋弯钩的弯弧内直径除应满足第④条的规定外,尚应不小于受力钢筋直径。

b. 箍筋弯钩的弯折角度:对一般结构,不应小于 90°;对有抗震等要求的结构,应为 135°。

c. 箍筋弯后平直部分长度:对一般结构,不宜小于箍筋直径的 5 倍;对有抗震等要求的结构,不应小于箍筋直径的 10 倍。

(2)钢筋加工工程一般项目

①钢筋应平直、无损伤,表面不得有裂纹、油污、颗粒状或片状老锈。

②钢筋调直宜采用机械方法,也可采用冷拉方法。当采用冷拉方法调直钢筋时,HPB235 级钢筋的冷拉率不宜大于 4%,HRB335 级、HRB400 级和 RRB400 级钢筋的冷拉率不宜大于 1%。

③钢筋加工的允许偏差应符合表 6.1 的规定。

表 6.1 钢筋加工的允许偏差

项　目	允许偏差/mm
受力钢筋沿长度方向全长的净尺寸	±10
弯起钢筋的弯折位置	±20
箍筋内净尺寸	±5

(3)钢筋安装工程主控项目

①纵向受力钢筋的连接方式应符合设计要求。

②在施工现场,应按国家现行标准《钢筋机械连接通用技术规程》(JGJ 107—2016)、《钢筋焊接及验收规程》(JGJ 18—2012)的规定抽取钢筋机械连接接头、焊接接头试件做力学性能检验,其质量应符合有关规程的规定。

③钢筋安装时,受力钢筋的品种、级别、规格和数量必须符合设计要求。

(4)钢筋安装工程一般项目

①钢筋的接头宜设置在受力较小处。同一纵向受力钢筋不宜设置两个或两个以上接头。接头末端至钢筋弯起点的距离不应小于钢筋直径的 10 倍。

②在施工现场,应按国家现行标准《钢筋机械连接通用技术规程》(JGJ 107—2016)、《钢筋焊接及验收规程》(JGJ 18—2012)的规定对钢筋机械连接接头、焊接接头的外观进行检查,其质量应符合有关规程的规定。

③当受力钢筋采用机械连接接头或焊接接头时,设置在同一构件内的接头宜相互错开。纵向受力钢筋机械连接接头及焊接接头连接区段的长度为 $35d$(d 为纵向受力钢筋的较大直径)且不小于 500 mm。凡接头中点位于该连接区段长度内的接头均属于同一连接区段。同一连接区段内,纵向受力钢筋机械连接及焊接的接头面积百分率为该区段内有接头的纵向受力钢筋截面面积与全部纵向受力钢筋截面面积的比值。

同一连接区段内,纵向受力钢筋的接头面积百分率应符合设计要求;当设计无具体要求时,应符合下列规定:

a. 在受拉区不宜大于 50%。

b. 接头不宜设置在有抗震设防要求的框架梁端、柱端的箍筋加密区;当无法避开时,对等强度高质量机械连接接头,不应大于 50%。

c. 直接承受动力荷载的结构构件中,不宜采用焊接接头;当采用机械连接接头时,不应大于 50%。

d. 同一构件中相邻纵向受力钢筋的绑扎搭接接头宜相互错开。绑扎搭接接头中,钢筋的横向净距不应小于钢筋直径,且不应小于 25 mm。

钢筋绑扎搭接接头连接区段的长度为 $1.3L_1$(L_1 为搭接长度),凡搭接接头中点位于该连接区段长度内的搭接接头均属于同一连接区段。同一连接区段内,纵向钢筋搭接接头面积百分率为该区段内有搭接接头的纵向受力钢筋截面面积与全部纵向受力钢筋截面面积的比值。

同一连接区段内,纵向受拉钢筋搭接接头面积百分率应符合设计要求;当设计无具体要求时,应符合下列规定:

a. 对梁类、板类及墙类构件，不宜大于25%。

b. 对柱类构件，不宜大于50%。

c. 当工程中确有必要增大接头面积百分率时，对梁类构件，不应大于50%；对其他构件，可根据实际情况放宽。

根据现行国家标准《混凝土结构设计规范》(GB 50010—2010)的规定，纵向受力钢筋绑扎搭接受力钢筋的最小搭接长度应根据钢筋强度、外形、直径及混凝土强度等指标经计算确定，并根据钢筋搭接接头面积百分率等进行修正。为了方便施工及验收，规范给出了确定纵向受拉钢筋最小搭接长度的方法以及受拉钢筋搭接长度的最低限值，确定了纵向受压钢筋最小搭接长度的方法和受压钢筋搭接长度的最低限值。

在梁、柱类构件的纵向受力钢筋搭接长度范围内，应按设计要求配置箍筋(图6.22)。图6.22中所示搭接接头同一连接区段内的搭接钢筋为两根。当各钢筋直径相同时，接头面积百分率为50%。当设计无具体要求时，应符合下列规定：

a. 箍筋直径不应小于搭接钢筋较大直径的1/4。

b. 受拉搭接区段的箍筋间距不应大于搭接钢筋较小直径的5倍，且不应大于100 mm。

c. 受压搭接区段的箍筋间距不应大于搭接钢筋较小直径的10倍，且不应大于200 mm。

d. 当柱中纵向受力钢筋直径大于25 mm时，应在搭接接头两个端面外100 mm范围内各设置两个箍筋，其间距宜为50 mm。

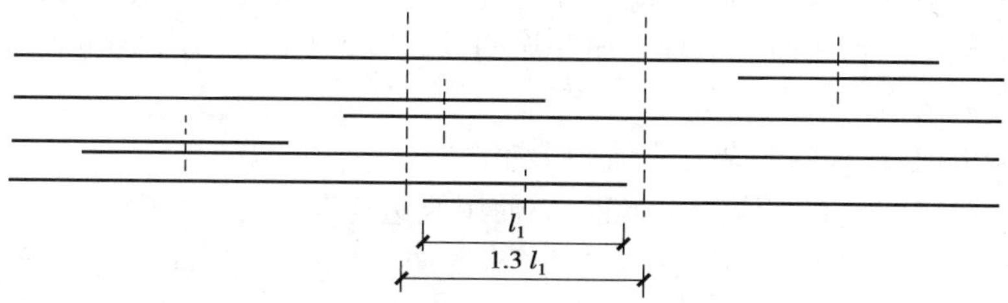

图6.22　钢筋绑扎搭接接头连接区段及接头面积百分率

钢筋安装位置的允许偏差如表6.2所示。

表6.2　钢筋安装位置的允许偏差

项目			允许偏差/mm
绑扎钢筋网	长、宽		±10
	网眼尺寸		±20
绑扎钢筋骨架	长		±10
	宽、高		±5
受力钢筋	间距		±10
	排距		±5
	保护层厚度	基础	±10
		柱、梁	±5
		板、墙、壳	±3

续表

项目		允许偏差/mm
绑扎箍筋、横向钢筋间距		±20
钢筋弯起点位置		20
预埋件	中心线位置	5
	水平高差	+3.0

注:①检查预埋件中心线位置时,应沿纵、横两个方向测量,并取其中的较大值。

②表中梁类、板类构件上部纵向受力钢筋保护层厚度的合格点率应达到90%及以上,且不得有超过表中数值1.5倍的尺寸偏差。

(5)模板安装工程主控项目

①安装现浇结构的上层模板及其支架时,下层楼板应具有承受上层荷载的承载能力,或加设支架;上、下层支架立柱应对准,并铺设垫板。

②在涂刷模板隔离剂时,不得污染钢筋和混凝土接槎处。

(6)模板安装工程一般项目

①模板安装应满足下列要求:

a. 模板的接缝不应漏浆;在浇筑混凝土前,木模板应浇水湿润,但模板内不应有积水。

b. 模板与混凝土的接触面应清理干净并涂刷隔离剂,但不得采用影响结构性能或妨碍装饰工程施工的隔离剂。

c. 浇筑混凝土前,模板内的杂物应清理干净。

d. 对清水混凝土工程及装饰混凝土工程,应使用能达到设计效果的模板。

②用作模板的地坪、胎模等应平整光洁,不得产生影响构件质量的下沉、裂缝、起砂或起鼓。

③对跨度不小于4 m的现浇钢筋混凝土梁、板,其模板应按设计要求起拱。当设计无具体要求时,起拱高度宜为跨度的1/1 000~3/1 000。

④固定在模板上的预埋件、预留孔和预留洞均不得遗漏,且应安装牢固,其偏差应符合表6.3的规定。

表6.3 预埋件和预留孔洞的允许偏差

项目		允许偏差/mm
预埋钢板中心线位置		3
预埋管、预留孔中心线位置		3
插筋	中心线位置	5
	外露长度	+10,0
预埋螺栓	中心线位置	2
	外露长度	+10,0
预留洞	中心线位置	10
	尺寸	+10,0

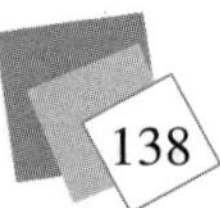

⑤现浇结构模板安装的偏差应符合表 6.4 的规定。

表 6.4　现浇结构模板安装的允许偏差

项　目		允许偏差/m
轴线位置		5
底模上表面标高		±5
截面内部尺寸	基础	±10
	柱、墙、梁	+4，-5
层高垂直度	不大于 5 m	6
	大于 5 m	8
相邻两板表面高低差	2 mm	2
表面平整度	5 mm	5

注：检查轴线位置时，应沿纵、横两个方向测量，并取其中的较大值。

(7)模板拆除工程主控项目

①底模及其支架拆除时，混凝土强度应符合设计要求；当设计无具体要求时，混凝土强度应符合表 6.5 的规定。

表 6.5　底模拆除时的混凝土强度要求

构件类型	构件坡度/m	达到设计的混凝土立方体抗压强度标准值的百分率/%
板	≤2	≥50
	>2，≤8	≥75
	>8	≥100
梁、拱、壳	≤8	≥75
	>8	≥100
悬臂构件	—	≥100

②对后张法预应力混凝土结构构件，侧模宜在预应力张拉前拆除；底模支架的拆除应按施工技术方案执行，当无具体要求时，不应在结构件建立预应力前拆除。

③后浇带模板的拆除和支顶应按施工技术方案执行。

(8)模板拆除工程一般项目

①侧模拆除时，混凝土强度应能保证其表面及棱角不受损伤。

②模板拆除时，不应对楼层形成冲击荷载。拆除的模板和支架宜分散堆放并及时清运。

(9)混凝土原材料及配合比设计主控项目

①水泥进场时应对其品种、级别、包装或散装仓号、出厂日期等进行检查，并应对其强度、安定性及其他必要的性能指标进行复验，其质量必须符合现行国家标准《通用硅酸盐水泥》(GB 175—2007)的规定。

当在使用中对水泥质量有怀疑或水泥出厂超过 3 个月(快硬硅酸盐水泥超过 1 个月)时,应进行复验,并按复验结果使用。

钢筋混凝土结构、预应力混凝土结构中,严禁使用含氯化物的水泥。

②混凝土中掺用外加剂的质量及应用技术应符合现行国家标准《混凝土外加剂》(GB 8076—2008)、《混凝土外加剂应用技术规范》(GB 50119—2013)等和有关环境保护的规定。

预应力混凝土结构中,严禁使用含氯化物的外加剂。钢筋混凝土结构中,当使用含氯化物的外加剂时,混凝土中氯化物的总含量应符合现行国家标准《混凝土质量控制标准》(GB 50164—2011)的规定。

③混凝土中氯化物和碱的总含量应符合现行国家标准《混凝土结构设计规范》(GB 50010—2010)和设计的要求。

④混凝土应按国家现行标准《普通混凝土配合比设计规程》(JGJ 55—2011)的有关规定,根据混凝土强度等级、耐久性和工作性能等要求进行配合比设计。

对有特殊要求的混凝土,其配合比设计尚应符合国家现行有关标准的专门规定。

(10)混凝土原材料及配合比设计一般项目

①混凝土中掺用矿物掺合料的质量应符合现行国家标准《用于水泥和混凝土中的粉煤灰》(GB/T 1596—2017)等的规定。矿物掺合料的掺量应通过试验确定。

②普通混凝土所用的粗、细骨料的质量应符合国家现行标准《普通混凝土用砂、石质量及检验方法标准》(JGJ 52—2006)的规定。

③拌制混凝土宜采用饮用水。当采用其他水源时,水质应符合国家现行标准《混凝土拌合用水标准》(JGJ 63—89)的规定。

④首次使用的混凝土配合比应进行开盘鉴定,其工作性应满足设计配合比的要求。开始生产时应至少留置一组标准养护试件,作为验证配合比的依据。

⑤混凝土拌制前,应测定砂、石含水率并根据测试结果调整材料用量,提出施工配合比。

(11)混凝土施工工程主控项目

①结构混凝土的强度等级必须符合设计要求。用于检查结构构件混凝土强度的试件,应在混凝土的浇筑地点随机抽取。取样与试件留置应符合下列规定:

a. 每拌制 100 盘且不超过 100 m^3 的同配合比的混凝土,取样不得少于一次。

b. 每工作班拌制的同一配合比的混凝土不足 100 盘时,取样不得少于一次。

c. 当一次连续浇筑超过 1 000 m^3 时,同一配合比的混凝土每 200 m^3 取样不得少于一次。

d. 每一楼层、同一配合比的混凝土,取样不得少于一次。

e. 每次取样应至少留置一组标准养护试件,同条件养护试件的留置组数应根据实际需要确定。

②对有抗渗要求的混凝土结构,其混凝土试件应在浇筑地点随机取样。同一工程、同一配合比的混凝土,取样不应少于一次,留置组数可根据实际需要确定。

③混凝土原材料每盘称量的偏差应符合表 6.6 的规定。

表6.6 原材料每盘称量的允许偏差

材料名称	允许偏差
水泥、掺合料	±2%
粗、细骨料	+3%
水、外加剂	±2%

注:①各种衡器应定期校验,每次使用前应进行零点校核,保持计量准确。

②当遇雨天或含水率有显著变化时,应增加含水率检测次数,并及时调整水和骨料的用量。

④混凝土运输、浇筑及间歇的全部时间不应超过混凝土的初凝时间。同一施工段的混凝土应连续浇筑,并应在底层混凝土初凝之前将上一层混凝土浇筑完毕。

当底层混凝土初凝后浇筑上一层混凝土时,应按施工技术方案中对施工缝的要求进行处理。

(12)混凝土施工工程一般项目

①施工缝的位置应在混凝土浇筑前按设计要求和施工技术方案确定。施工缝的处理应按施工技术方案执行。

②后浇带的留置位置应按设计要求和施工技术方案确定。后浇带混凝土浇筑应按施工技术方案进行。

③混凝土浇筑完毕后,应按施工技术方案及时采取有效的养护措施,并应符合下列规定:

a.应在浇筑完毕后的12 h以内对混凝土加以覆盖并保湿养护。

b.对采用硅酸盐水泥、普通硅酸盐水泥或矿渣硅酸盐水泥拌制的混凝土,养护时间不得少于7 d;对掺用缓凝型外加剂或有抗渗要求的混凝土,养护时间不得少于14 d。

c.浇水次数应能保持混凝土处于湿润状态,混凝土养护用水应与拌制用水相同。

d.采用塑料布覆盖养护的混凝土,其敞露的全部表面应覆盖严密,并应保持塑料布内有凝结水。

e.混凝土强度达到1.2 MPa前,不得在其上踩踏或安装模板及支架。

④混凝土浇筑注意事项如下:

a.当日平均气温低于5 ℃时,不得浇水。

b.当采用其他品种水泥时,混凝土的养护时间应根据所采用水泥的技术性能确定。

c.混凝土表面不便浇水或使用塑料布时,宜涂刷养护剂。

d.对大体积混凝土的养护,应根据气候条件按施工技术方案采取控温措施。

(13)现浇结构外观尺寸偏差检验批主控项目

①现浇结构的外观质量不应有严重缺陷。对已经出现的严重缺陷,应由施工单位提出技术处理方案,并经监理(建设)单位认可后进行处理。对经处理的部位,应重新检查验收。

②现浇结构不应有影响结构性能和使用功能的尺寸偏差。混凝土设备基础不应有影响结构性能和设备安装的尺寸偏差。

对超过尺寸允许偏差且影响结构性能和安装、使用功能的部位,应由施工单位提出技术处理方案,并经监理(建设)单位认可后进行处理。对经处理的部位,应重新检查验收。

(14)现浇结构外观尺寸偏差检验批一般项目

现浇结构的外观质量不宜有一般缺陷(表6.7)。对已经出现的一般缺陷,应由施工单位按技术处理方案进行处理,并重新检查验收。

表6.7 现浇结构尺寸允许偏差和检验方法

<table>
<tr><th colspan="3">项 目</th><th>允许偏差/ mm</th></tr>
<tr><td rowspan="4">轴线位置</td><td colspan="2">基础</td><td>15</td></tr>
<tr><td colspan="2">独立基础</td><td>10</td></tr>
<tr><td colspan="2">墙、柱、梁</td><td>8</td></tr>
<tr><td colspan="2">剪力墙</td><td>5</td></tr>
<tr><td rowspan="3">垂直度</td><td rowspan="2">层高</td><td>≤5 m</td><td>8</td></tr>
<tr><td>>5 m</td><td>10</td></tr>
<tr><td colspan="2">全高</td><td>H/1 000 且≤30</td></tr>
<tr><td rowspan="2">标高</td><td colspan="2">层高</td><td>±10</td></tr>
<tr><td colspan="2">全高</td><td>±30</td></tr>
<tr><td colspan="3">截面尺寸</td><td>+8,-5</td></tr>
<tr><td rowspan="2">电梯井</td><td colspan="2">井筒长、宽对定位中心线</td><td>+25,0</td></tr>
<tr><td colspan="2">井筒全高垂直度</td><td>H/1 000 且≤30</td></tr>
<tr><td colspan="3">表面平整度</td><td>8</td></tr>
<tr><td rowspan="3">预埋设施中心线位置</td><td colspan="2">预埋件</td><td>10</td></tr>
<tr><td colspan="2">预埋螺栓</td><td>5</td></tr>
<tr><td colspan="2">预埋管</td><td>5</td></tr>
<tr><td colspan="3">预留洞中心线位置</td><td>15</td></tr>
</table>

注:检查轴线、中心线位置时,应沿纵、横两个方向测量,并取其中的较大值。

6.3.6 成品保护

(1)钢筋绑扎

①顶板弯起钢筋、负弯矩钢筋绑扎好后,应做保护,不准在上面踩踏行走。浇筑混凝土时,派钢筋工专门负责修理,保证负弯矩筋位置正确。

②绑扎钢筋时,禁止碰动预埋件及洞口模板。

③钢模板内面涂隔离剂时,不得污染钢筋。

④安装电线管、暖卫管线或其他设施时,不得任意切断和移动钢筋。

(2)模板安装

①预组拼的模板应有存放场地,场地应平整夯实。模板平放时,应有木方垫架。立放时,应搭设分类模板架,模板触地处要垫方木,以此保证模板不扭曲、不变形。不可乱堆乱放或在

组拼的模板上堆放分散模板和配件。

②工作面已安装完毕的墙模板，不准在吊运其他模板时碰撞，不准在预拼装模板就位前作为临时倚靠，以防止模板变形或产生垂直偏差。工作面已安装完毕的平面模板，不可作临时堆料和作业平台，以保证支架的稳定，防止平面模板标高和平整产生偏差。

③拆除模板时，不得用大锤、撬棍硬砸猛撬，以免混凝土的外形和内部受到损伤。

(3)混凝土浇筑

①要保证钢筋和垫块的位置正确，不得踩楼梯、楼板弯起钢筋，不得碰动预埋件和插筋。在楼板上搭设浇筑混凝土使用的浇筑人行道，保证楼板钢筋的负弯矩钢筋位置。

②不用重物冲击模板，不在梁或楼梯踏步模板吊帮上踩。应搭设跳板，保护模板的牢固和严密。

③浇筑混凝土时，要对已经完成的成品进行保护。安排专人及时清理干净浇筑上层混凝土时流下的水泥浆和洒落的混凝土。

④进行混凝土施工时，所有甩出钢筋必须用塑料套管或塑料布加以保护，防止混凝土污染钢筋。

⑤对阳角等易碰坏处，应当有防护措施，有专人负责保护。

6.3.7 应注意的质量问题

(1)钢筋绑扎应注意的质量问题

①浇筑混凝土前检查钢筋位置是否正确，振捣混凝土时防止碰动钢筋。浇筑完混凝土后立即修整甩筋的位置，防止柱筋、墙筋位移。

②箍筋末端应弯成135°，平直部分长度为10 d。

③端头有对焊接头时，钢筋配料加工要注意避开搭接范围，防止绑扎接头内混入对焊接头。

(2)混凝土浇筑应注意的质量问题

①蜂窝：原因是混凝土一次下料过厚，振捣不实或漏振，模板有缝隙使水泥浆流失，钢筋较密而混凝土坍落度过小或石子过大，墙根部模板有缝隙，以致混凝土中的砂浆从下部涌出。

②露筋：原因是钢筋垫块位移、间距过大、漏放、钢筋紧贴模板造成露筋，或板底部振捣不实，也可能出现露筋。

③麻面：拆模过早或模板表面漏刷隔离剂或模板湿润不够，构件表面混凝土易黏附在模板上造成麻面脱皮，或因混凝土气泡多，振捣不足。

④孔洞：原因是钢筋较密的部位混凝土被卡，或因石子偏大，未经振捣就继续浇筑上层混凝土。

⑤缝隙与夹渣层：施工缝处杂物清理不净或未浇底浆等原因，易造成缝隙、夹渣层。

6.3.8 质量记录

①水泥的出厂证明及复验证明。

②钢筋的出厂证明或合格证以及钢筋试验报告。

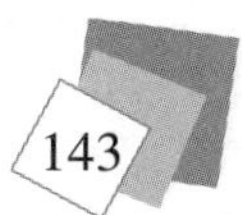

③混凝土试配申请单和试验室签发的配合比通知单。

④钢筋隐蔽工程验收记录。

⑤模板验收记录。

⑥混凝土施工记录。

⑦混凝土试块 28 d 标养抗压强度试验报告。

⑧混凝土基础隐蔽工程验收记录。

⑨商品混凝土的出厂合格证。

6.3.9 安全标准

①进入现场必须遵守安全生产六大纪律。

②搬运钢筋时,要注意附近有无障碍物、架空电线和其他临时电气设备,防止钢筋在回转时碰撞电线或发生触电事故。

③起吊钢筋骨架,下方禁止站人,必须待骨架降到距模板 1 m 以下才准靠近,就位支撑好方可摘钩。

④切割机使用前,须检查机械运转是否正常,是否有二级漏电保护;切割机后不准堆放易燃物品。

⑤车道板单车行走宽不小于 1.4 m,双车来回宽不小于 2.8 m。在运料时,前后应保持一定车距,不准奔跑、抢道或超车。到终点卸料时,双手应扶牢车柄倒料,严禁双手脱把,防止翻车伤人。

⑥塔吊放下料斗时,操作人员应主动避让塔吊、料斗,应随时注意料斗碰头,并应站立稳当,防止料斗碰人坠落。

⑦使用振动机前应检查电源电压,必须经过二级漏电保护,电源线不得有接头,观察机械运转是否正常。振动机移动时,不能硬拉电线,更不能在钢筋和其他锐利物上拖拉,防止割破拉断电线而造成触电伤亡事故。

6.3.10 环保措施

①钢筋头及其他下脚料应及时清理,成品堆放要整齐。

②严禁用废机油做模板隔离剂、刷隔离剂,避免污染环境。

③优先使用商品混凝土,避免环境污染。

思考与练习

1. 简述条形基础的构造。
2. 简述条形基础的施工顺序。
3. 简述条形基础的验收标准。

第7章 筏板基础施工

7.1 筏板基础构造

7.1.1 筏板基础概念

筏板基础由底板、梁等整体组成。建筑物荷载较大,地基承载力较弱,常采用混凝土底板、筏板,以承受建筑物荷载,形成筏板基础。其整体性好,能很好地抵抗地基不均匀沉降。

筏板是在基础工程中的一块混凝土板,板下是地基,板上有柱、墙等。因其如筏浮于土上,而被形象地称为筏板。建筑物采用何种基础形式,与地基土类别及土层分布情况密切相关。在工程设计中,常遇到这样的地质情况,地下室底板下的岩土层为风化残积土层、全风化岩层、强风化岩层或中风化软岩层。因此,有可能采用天然地基作为建筑物基础。

7.1.2 筏板基础的应用

高层建筑地下室通常作为地下停车库,建筑上不允许设置过多的内墙,因而限制了箱形基础的使用。筏板基础既能充分发挥地基承载力,调整不均匀沉降,又能满足停车库的空间使用要求,因而就成为较理想的基础形式。筏板基础主要构造形式有平板式筏板基础和梁板式筏板基础(图7.1)。平板式筏板基础由于施工简单,在高层建筑中得到广泛的应用。

筏板基础也属于扩展基础的一种,一般用于高层框架、框剪、剪力墙结构。当采用条形基础不能满足地基承载力要求时,或当建筑物要求基础有足够刚度以调节不均匀沉降。

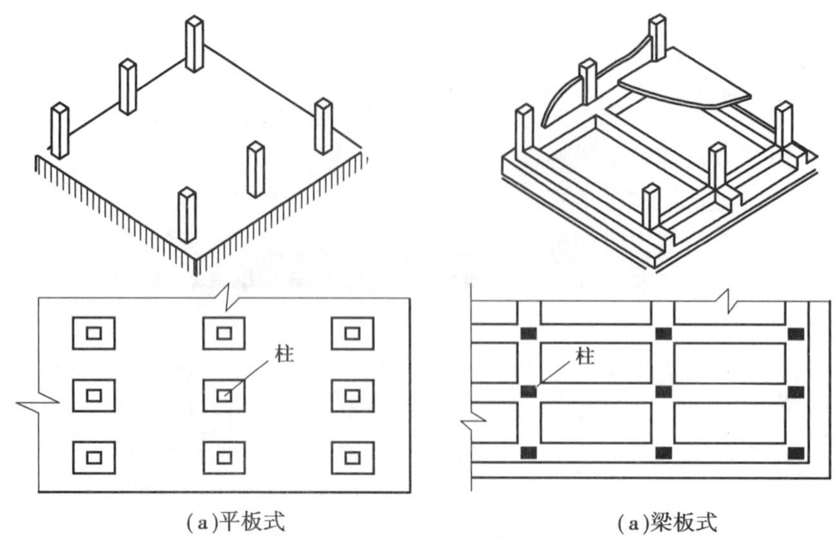

(a)平板式　　(a)梁板式

图 7.1　筏板基础

7.1.3　筏板基础的构造要求

(1)强度等级

筏板基础的混凝土强度等级不应低于 C30。当有地下室时应采用防水混凝土,防水混凝土的抗渗等级应根据地下水的最大水头与防渗混凝土厚度的比值,按现行《地下工程防水技术规范》(GB 50108—2008)选用,但不应小于 0.6 MPa。必要时宜设架空排水层。

(2)墙体

采用筏板基础的地下室,应沿地下室四周布置钢筋混凝土外墙,外墙厚度不应小于 250 mm,内墙厚度不应小于 200 mm。墙的截面设计除满足承载力要求外,尚应考虑变形、抗裂及防渗等要求。墙体内应设置双面钢筋,竖向和水平钢筋的直径不应小于 12 mm,间距不应大于 300 mm。

(3)板厚

筏板基础底板的厚度均应满足受冲切承载力、受剪切承载力的要求。对 12 层以上建筑的梁板式筏板基础板厚不宜小于 400 mm,且板厚与最大双向板格的短边净跨之比不小于 1/4。

(4)柱(墙)与基础梁的连接

当交叉基础梁的宽度小于柱截面的边长时,交叉基础梁连接处应设置八字角,柱角和八字角之间的净距不宜小于 50 mm,如图 7.2(a)所示。

单向基础梁与柱的连接可按图 7.2(b)、(c)采用。基础梁与剪力墙的连接,可按图 7.2(d)采用。

(5)施工缝

筏板与地下室外墙的接缝、地下室外墙沿高度处的水平接缝应严格按施工缝要求采取措施,必要时可设通长止水带。

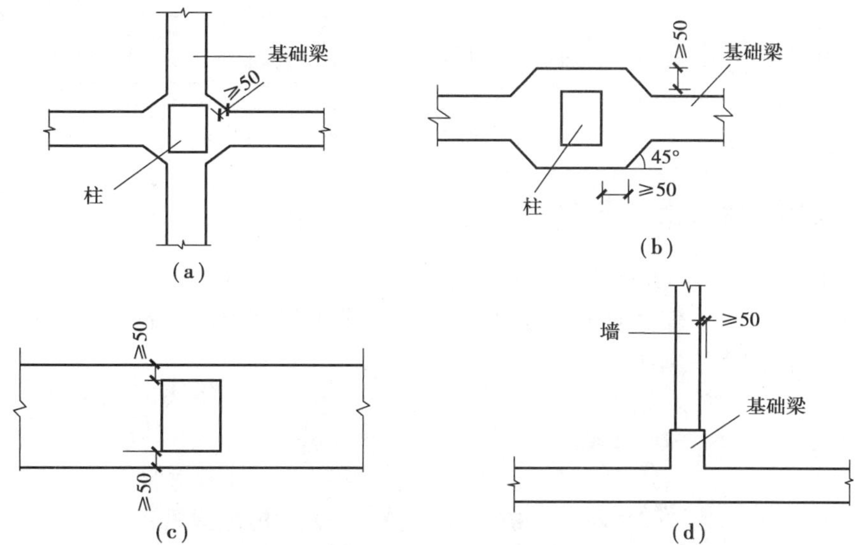

图7.2 柱(墙)与基础梁的连接

(6)裙房

高层建筑筏形基础与裙房之间的构造应符合下列要求:

①当高层建筑与相连的裙房之间设置沉降缝时,高层建筑的基础埋深应至少大于裙房基础的埋深2 m,不满足要求时必须采取有效措施(图7.3)。沉降缝地面以下的空间应用粗砂填实。

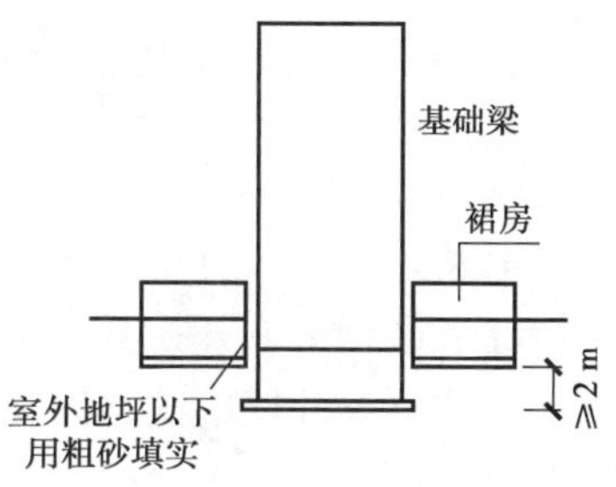

图7.3 高层建筑与裙房之间的连接

②当高层建筑与相连的裙房之间不设置沉降缝时,宜在裙房一侧设置后浇带。后浇带的位置宜设在距主楼边柱的第二跨内。后浇带混凝土宜根据实测沉降值并计算后期沉降差能满足设计要求后,方可进行浇筑。

③当高层建筑与相连的裙房之间不允许设置沉降缝和后浇带时,应进行地基变形验算。验算时,需考虑地基变形对结构的影响并采取相应的有效措施。

(7)墙外回填土

筏板基础地下室施工完毕后,应及时进行基坑回填工作。回填基坑时,必须先清除基坑中的杂物,在相对的两侧或四周同时回填并分层夯实。

7.2 筏板基础施工工艺

筏板基础施工流程如图7.4所示。

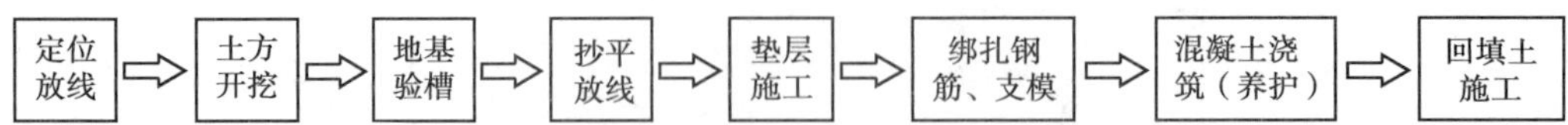

图 7.4　筏板基础施工流程

7.2.1　定位放线、土方开挖

测量好用白灰做好标记，挖土采用反铲挖掘机开挖，开挖尺寸比基础尺寸每边各留出 300 mm工作面(图 7.5)。作为侧面支模的位置，人工辅助修坡修底，沿房屋纵向，由一端逐步后退开挖，挖出的土立即运出场外。

图 7.5　定位放线

①地基开挖。如有地下水，应采用人工降低地下水位至基坑底 50 cm 以下部位，保持在无水的情况下进行土方开挖和基础结构施工。

②基坑土方开挖应注意保持基坑底土的原状结构(图 7.6)。如采用机械开挖时，基坑底面以上 20 ~ 40 cm 厚土层，应采用人工清除，避免超挖或破坏基土。如局部有软弱土层或超挖，应进行换填，采用与地基土压缩性相近的材料进行分层回填。基坑开挖应连续进行，如基坑开挖好后不能立即进行下一道工序，应在基底以上留置 150 ~ 200 mm 厚土层不挖，待下一道工序施工时再挖至设计基坑底标高，以免扰动基土。

图 7.6　土方开挖

7.2.2　地基验槽

由建设单位组织勘察单位、设计单位、施工单位、监理单位的项目负责人或技术质量负责人共同检查验收。地基是否满足设计、规范等有关要求，是否与地质勘查报告中土质情况相符等，应进行工程地质检验，做好隐蔽记录(图7.7)。

图7.7　地基验槽

7.2.3　抄平放线

抄平放线就是找一个水平面，控制标高。一般工程上有50线和1 m线，主要是根据工程的实际情况将建筑物放在一个平面上，一般常用水准仪。

7.2.4　垫层施工

基槽开挖、清理并验槽合格后，随即清除表层浮土及扰动土，不留积水，立即进行垫层混凝土施工。当垫层混凝土达到一定强度后，在其上弹线、支模、铺放钢筋、连接柱的插筋(图7.8)。

7.2.5　钢筋工程

(1)作业条件

①钢筋绑扎前，核对钢筋加工料表是否正确，并检查有无锈蚀现象，除锈后再运至绑扎部位。

②做好放线工作，弹出柱、墙的位置线，并弹好钢筋位置线。

③做完技术交底。

(2)材质要求

①钢筋：级别、规格符合设计要求，质量符合现行规范要求。

②20～22号火烧丝、水泥砂浆(塑料)垫块。

图 7.8　垫层混凝土施工

(3)主要机具

主要机具有钢筋切断机、钢筋弯曲机、钢筋调直机、钢筋钩子、钢筋扳子、钢丝刷、断火烧丝铡刀、墨斗、墨汁、小白线、粉笔。

(4)工艺流程

基础钢筋工艺流程:放线并预检→成型钢筋进场→排钢筋→焊接接头→绑扎→柱墙插筋定位→交接验收。

(5)操作工艺

①绑扎底板下层网片钢筋(图 7.9):

a. 根据在防水保护层弹好的钢筋位置线,铺下层网片的长向钢筋。钢筋接头尽量采用焊接或机械连接,要求接头在同一截面相互错开 50%,同一根钢筋在 35 d 或 500 mm 长度内不得有两个接头。

b. 铺下层网片上的短向钢筋。钢筋接头尽量采用焊接或机械连接,要求接头在同一截面相互错开 50%,同一根钢筋尽量减少接头。

图 7.9　钢筋绑扎

c. 由于底板钢筋施工要求较复杂，此处一定要注意钢筋绑扎接头和焊接接头应按要求错开，以防止出现质量通病。

d. 根据图纸设计依次绑扎局部加强钢筋。

②绑扎地梁钢筋：

a. 在放平的梁下层水平主钢筋上，用粉笔画出箍筋间距。箍筋与主筋要垂直，箍筋转角与主筋交点均要绑扎，主筋与箍筋非转角部分的相交点成梅花交错绑扎。箍筋的接头即弯钩叠合处，沿梁水平筋交错布置绑扎。

b. 地梁在槽上预先绑扎好后，根据已画好的梁位置线用塔吊直接吊装到位，与底板钢筋绑扎牢固。

③绑扎底板上层网片钢筋：

a. 铺设上层铁马凳：铁马凳用剩余短料焊制成，铁马凳短向放置，间距为 1.2 ~ 1.5 m。

b. 绑扎上层网片下铁：先在铁马凳上绑扎架立筋，在架立筋上画好的钢筋位置线。按图纸要求，按顺序放置上层网片的下铁。钢筋接头尽量采用焊接或机械连接，要求接头在同一截面相互错开 50%，同一根钢筋尽量减少接头。

c. 绑扎上层网片上铁：根据在上层下铁上画好的钢筋位置线，按顺序放置上层钢筋。钢筋接头尽量采用焊接或机械连接，要求接头在同一截面相互错开 50%，同一根钢筋尽量减少接头。

d. 绑扎暗柱和墙体插筋：根据放好的柱和墙体位置线，将暗柱和墙体插筋绑扎就位，并和底板钢筋点焊固定，要求接头均错开 50%。设计无要求时，甩出底板面的长度不小于 45 d，暗柱绑扎两道箍筋，墙体绑扎一道水平筋。

e. 垫块保护层：垫块底板下保护层为 35 mm，梁柱主筋保护层为 25 mm，外墙迎水面为 35 mm，外墙内侧及内墙均为 15 mm。保护层垫块间距为 600 mm，梅花形布置（图 7.10）。

图 7.10　垫块

f. 成品保护：绑扎钢筋时钢筋不能直接抵到外墙砖模上，并注意保护防水。钢筋绑扎前，导墙内侧防水必须甩浆做保护层。导墙上部的防水浮铺油毡加盖红机砖保护，以免防水卷材在钢筋施工时被破坏。

7.2.6 模板工程

(1)作业条件

①外墙高出 300 mm 部分模板采用竹胶板拼装,拼装完毕后进行编号,并涂刷水质脱模剂,分规格堆放。

②放好轴线、模板边线、水平控制标高线。

③底板钢筋绑扎完毕,水电管线及预埋件均已安装。钢筋保护层垫块已垫好,并办完隐检手续。

(2)材质要求

竹胶板(厚度为 10 mm)、方木(100 mm×100 mm)、穿墙螺栓(外墙一次性使用,内墙下套管周转使用)、架子管、各种规格的钉子。

(3)施工器具

施工器具包括电锯、手锯、斧子、电钻、扳手、钳子、线坠、小白线、水质脱模剂、砂浆搅拌机、手推车、大铲、托线板、砖夹子、铁抹子、靠尺板。

(4)模板工程工艺流程

①240 mm 砖胎模:基础砖胎模放线→砌筑→抹灰。

②外墙及基坑:与钢筋交接验收→放线并预检→外墙及基坑模板支设→钢板止水带安装→交接验收。

(5)模板工程操作工艺

①240 mm 砖胎模:

a. 砖胎模砌筑前,先在垫层面上将砌砖线放出,比基础底板外轮廓大 40 mm。砌筑时要求拉直线,采用一顺一丁砌筑方法,转角处或接口处留出接槎口,墙体要求垂直。砖模内侧、墙顶面抹 15 mm 厚水泥砂浆并压光,同时阴阳角做成圆弧形。

b. 底板外墙侧模采用 240 mm 厚砖胎模,高度同底板厚度。砖胎模采用 MU7.5 砖、M5.0 水泥砂浆砌筑,内侧及顶面采用 1∶2.5 水泥砂浆抹面。

c. 考虑混凝土浇筑时侧压力较大,砖胎模外侧面必须采用木方及钢管进行支撑加固,支撑间距不大于 1.5 m。

②集水坑模板(图 7.11):

a. 根据模板板面由 10 mm 厚竹胶板拼装成筒状,内衬两道方木(100 mm×100 mm),并钉成一个整体。配模的板面应表面平整、尺寸准确、接缝严密。

b. 模板组装好后进行编号。安装时用塔吊将模板初步就位,然后根据位置线加水平和斜向支撑进行加固,并调整模板位置,使模板的垂直度、刚度、截面尺寸符合要求。

③外墙高出底板 300 mm 部分:

a. 墙体高出部分模板采用 10 mm 厚竹胶板事先拼装而成,外绑扎两道水平向方木(50 mm×100 mm)。

b. 在防水保护层上弹好墙边线,在墙两边焊钢筋预埋竖向和斜向钢筋(用Φ12 钢筋剩余短料),以便于加固。

c. 用小线拉外墙通长水平线,保证截面尺寸。将配好的模板就位,然后用架子管和铅丝与预埋铁进行加固。

d. 模板固定完毕后拉通线检查板面顺直。

图7.11　模板支设

7.2.7　混凝土浇筑(养护)

(1)作业条件

①检查固定模板的铅丝和螺栓是否穿过混凝土墙,如必须穿过时要采取止水措施,特别是管道或预埋件穿过处是否已做好防水处理。混凝土浇筑层段的模板、钢筋、预埋件及管线等全部安装完毕。模板内的杂物和钢筋油污等要清理干净,模板的缝隙和孔洞已堵严。完成钢筋、模板的隐检、预检工作。

②混凝土泵车调试运转正常,骨料在泵管中流动不得有较大晃动,否则要立即进行加固泵管。浇筑混凝土用的架子及马道已支搭完毕,并经检验合格。

③夜间施工配备好足够的夜间照明设备。混凝土浇筑时,要使混凝土浇筑移动方向与泵送方向相反。混凝土浇筑过程中,只许拆除泵管,不得增设管段。

④混凝土配合比已确定。

(2)材质要求

①水泥:水泥品种、强度等级应根据设计要求确定。质量符合现行水泥标准,工期紧时可做水泥快测。必要时要求厂家提供水泥含碱量报告。

②砂、石子:根据结构尺寸、钢筋密度、混凝土施工工艺、混凝土强度等级的要求确定石子粒径、砂子细度。砂、石质量符合现行标准,必要时做骨料碱活性试验。

③水:自来水或不含有害物质的洁净水。

④外加剂:根据施工组织设计要求,确定是否采用外加剂。外加剂必须经试验合格后,方可在工程上使用。

⑤掺合料:根据施工组织设计要求,确定是否采用掺合料。掺合料质量符合现行标准。

⑥钢筋:钢筋的级别、规格必须符合设计要求。钢筋质量符合现行标准要求。表面无老锈和油污。必要时做化学分析。

⑦脱模剂:水质脱模剂。

(3)混凝土工程工艺流程

满堂基础混凝土施工工艺流程:钢筋、模板交接验收→顶标高抄测→混凝土搅拌→现场水平、垂直运输→分层振捣赶平抹压→覆盖养护。

(4)混凝土工程(现场搅拌泵送)操作工艺

①混凝土现场搅拌工艺:

a. 每次浇筑混凝土前 1.5 h 左右,由土建工长或混凝土工长填写"混凝土浇筑申请书",一式 3 份。施工技术负责人签字后,土建工长留一份,交试验员一份,交资料员一份归档。

b. 试验员依据"混凝土浇筑申请书"填写有关资料。做砂石含水率试验。调整混凝土配合比中的材料用量,换算每盘的材料用量,写配合比板,经施工技术负责人校核后,挂在搅拌机旁醒目处。

c. 水、水泥、外加剂、掺合料的计量误差为 ±2%,砂石料的计量误差为 ±3%。投料顺序:石子→水泥→外加剂粉剂→掺合料→砂子→水→外加剂液剂。

d. 对于强制式搅拌机,不掺外加剂时,搅拌时间不少于 90 s;掺外加剂时,搅拌时间不少于 120 s。对于自落式搅拌机,在强制式搅拌机搅拌时间的基础上增加 30 s。

e. 当一个配合比第一次使用时,应由施工技术负责人主持,做混凝土开盘鉴定。如果混凝土和易性不好,可以在维持水灰比不变的前提下,适当调整砂率、水及水泥量,至和易性良好为止。

②混凝土输送管线宜直,转弯宜缓,每个接头必须加密封垫以确保严密。泵管支撑必须牢固。

③泵送前先用适量与混凝土强度同等级的减石子水泥砂浆润管,并压入混凝土。砂浆输送到基坑内要抛散开,不允许水泥砂浆堆在一个位置。

④混凝土浇筑(图 7.12):基础底板一次性浇筑,间歇时间不能太长,不允许出现冷缝。混

图 7.12　混凝土浇筑

凝土浇筑顺序由一端向另一端浇筑。混凝土采用踏步式分层浇筑,分层振捣密实,以使混凝土的水化热尽量散失。具体顺序为:从下到上分层浇筑,从底层开始浇筑,进行5 m后回头来浇筑第二层,如此依次向前浇筑以上各层,上下相邻两层时间不超过2 h。为了控制浇筑高度,须在出灰口及其附近设置尺杆。夜间施工时,尺杆附近要用手把灯照明。

⑤每班安排一个作业班组,并配备3名振捣工。根据混凝土泵送时自然形成的坡度,在每个浇筑带前、后、中部不停振捣,振捣工要求认真负责,仔细振捣,以保证混凝土振捣密实。应防止上一层混凝土盖上后而下层混凝土仍未振捣,造成混凝土振捣不密实。振捣时,要快插慢拔,插入深度各层均为350 mm,即上面两层均须插入其下面一层50 mm。振捣点间距为450 mm,梅花形布置,振捣时逐点移动,顺序进行,不得漏振。每一插点要掌握好振捣时间,一般为20~30 s。过短不易振实,过长可能引起混凝土离析。振捣程度以混凝土表面泛浆,无大量气泡,不再显著下沉,表面浮出灰浆为准。边角处要多加注意,防止漏振。振捣棒距离模板要小于其作用半径的1/2,约为150 mm,并不宜靠近模板振捣,且要尽量避免碰撞钢筋、芯管、止水带、预埋件等。

⑥混凝土泵送时,不要将料斗内剩余混凝土降低到200 mm以下,以免吸入空气。混凝土浇筑完毕要进行多次搓平,保证混凝土表面不产生裂纹。具体方法是振捣完后先用长刮杠刮平,待表面收浆后,用木抹刀搓平表面,并覆盖塑料布以防表面出现裂缝。在终凝前掀开塑料布再进行搓平,要求搓压3遍,最后一遍抹压要掌握好时间,以终凝前为准,终凝时间可用手压法把握。混凝土搓平完毕后立即用塑料布覆盖养护,浇水养护时间为14 d。

⑦成品保护(图7.13)。保证钢筋、模板位置正确,不得直接踩踏钢筋和改动模板。在拆模或吊运物件时,不得碰坏施工缝止水带。当混凝土强度达到1.2 MPa后,方可拆模及在混凝土上操作。

图7.13 筏板基础

7.2.8 回填土施工

回填土的材质应符合要求。回填土要分层回填，每个开间的高度要一致，杜绝一次倒满（图7.14）。夯实时两个开间最好同时进行，避免对基础墙产生侧压力。

图7.14 基础回填

7.2.9 施工要点

①根据结构情况和施工具体条件及要求，筏板基础施工可采用以下两种方法之一：

a.在垫层上绑扎板梁的钢筋和上部柱钢筋，先浇筑地板混凝土，待达到25%以上强度后，再在地板上支梁侧模板，浇筑完梁部分混凝土。

b.底板和梁钢筋、模板一次同时支好，梁侧模板用混凝土支墩或钢支脚支承，并固定牢固，混凝土一次连续浇筑完成。

第一种方法可降低施工强度，支梁模方便，但处理施工缝较复杂；后一种方法一次完成施工，质量易于保证，可缩短工期。但两种方法都应注意保证梁位置和插筋位置正确，混凝土应一次连续浇筑完成。

②当梁板式筏形基础的梁在底板下部时，通常采取梁板同时浇筑混凝土。梁的侧模板无法拆除的，一般梁侧模采取在垫层上两侧砌半砖代替钢（或木）侧模与垫层形成一个砖壳子模。

③梁板式筏形基础当梁在底板上时，模板支设多用组合钢模板，支承在刚支承架上，用钢管脚手架固定，采用梁板同时浇筑混凝土，以保证整体性。

④当筏板基础长度很长（40 m以上）时，应考虑在中部适当部位留设贯通后浇缝带，以避免出现温度收缩裂缝和便于进行施工分段流水作业。对超厚的筏形基础应考虑采取降低水泥水化热和降低浇筑入模温度措施，以避免出现过大温度收缩应力，导致基础底板开裂。

⑤基础浇筑完毕。表面应覆盖和洒水养护，且不少于7 d。必要时，应采取保温养护措施，并防止浸泡基础。

⑥在基础底板上埋设好沉降观测点，定期进行观测、分析，做好记录。

7.2.10　施工安全措施

①基础施工时，应先检查基础坑、槽帮土质、边坡坡度，如发现裂缝、滑移等情况，应及时加固。堆放材料应距坑边 1 m 以上，深基坑上下应设梯子或坡道，不得踩踏模板或支撑上下。

②浇筑筏板基础时，应搭设牢固的脚手平台、马道，脚手板铺设要严密，以防石子掉下；采用手推车、机动翻斗车、吊斗等浇筑，要有专人统一指挥、调度和下料，以保证不发生撞车事故；用串筒下料，要防止堵塞，以免发生脱钩事故；泵送混凝土浇筑应采取措施，防堵塞和爆管。

③操纵振动器的操作人员，必须穿胶鞋，接电要安全可靠，并设专门保护性接地导线，避免火线跑电发生危险。如出现故障，应立即切断电源修理；使用电线如已磨损，应及时更换。

④施工人员应戴安全帽、穿软底鞋，工具应放入工具袋内；向基坑内运送混凝土、传递物件，不得抛掷进行。

⑤雨、雪、冰冻天施工时，架子上应有防滑措施，并在施工前清扫冰、霜、积雪后方可上架子；五级以上大风应停止作业。

⑥现场机械设备及电动工具应设置漏电保护器，每机应单独设置，不得共用，以保证用电安全；夜间施工时，应装设足够的照明。

7.2.11　施工时的注意事项

①混凝土应分层浇筑，分层振捣密实，防止出现蜂窝麻面和混凝土不密实；在吊帮（模板）根部应待梁下底板浇筑完毕，停 0.5 ~ 1.0 h，待沉实后再浇筑上部梁，以免在根部出现“烂根”现象。

②在混凝土浇捣中应防止垫块位移、钢筋紧贴模板，或振捣不实造成露筋。

③为严格保持混凝土表面标高正确，要注意避免水平桩移动，或混凝土多铺过厚，少铺过薄；操作时要认真找平，模板要支撑牢固等。

④对厚度较大的筏板浇筑，应采取预防温度收缩裂缝措施，并加强养护，防止出现裂缝。

7.3　筏板基础质量验收

7.3.1　主控项目

①垫层标高、基础轴线尺寸已经过鉴定和检查，并办完隐蔽工程验收手续。

②模板已经过检查，符合设计要求，并办完预检手续。

③在模板上已弹好混凝土浇筑高度标志。

④埋设在基础中的各种管线、构件均已安装完毕，各专业已经会签，并经质检部门验收合格，办完隐检手续。

⑤商用混凝土准用证、合格证、各种原材料的相关证件齐备。

⑥施工供水、供电线路已设置。施工机具设备已进行安装就位，并试运转正常。

⑦混凝土所用的水泥、水、骨料、外加剂等,必须符合施工规范和有关规定。

⑧混凝土的配合比、原材料计量、搅拌、养护和施工缝处理,必须符合施工规范和有关规定。

⑨试块必须按规定取样、制作、养护和试验,其强度必须符合设计要求和评定标准的要求。

⑩基础中钢筋的规格、形状、尺寸、数量、锚固长度、接头设置,必须符合设计要求和施工规范规定。

7.3.2 施工操作工艺

①保持在无水的情况下进行基础结构施工。

②根据结构情况和施工具体条件及要求施工。

③采取底板和梁钢筋、模板一次同时支好,梁侧模板采用吊模支设加固方法。应注意保证梁位置和柱插筋位置正确,混凝土应一次连续浇筑完成。

④浇筑混凝土时,应先清除垫层木屑和浮尘,基坑内不得存有积水;木模应浇水湿润,板缝和孔洞应予堵严。

⑤浇筑混凝土时,应随时注意观察模板、钢筋、预留孔洞和管道有无移动情况。若发现变形或位移时,应立即停止浇筑,并在混凝土初凝前处理完毕,方可继续进行。

⑥混凝土浇筑振捣密实后,在初凝前用提浆机提浆 5 ~8 mm,在初凝后终凝前用木抹子搓平带细毛。

⑦基础浇筑完毕,表面应覆盖和洒水养护,养护时间不少于 14 d。

7.3.3 一般项目

混凝土应振捣密实,不宜有一般缺陷,拆模后尺寸偏差应符合表 7.1 的要求。

表 7.1 基础的允许偏差及检验方法

序 号	项 目	允许偏差/mm	检验方法
1	标高	±8	用水准仪或拉线尺量检查
2	上表面平整度	8	用水准仪或拉线尺量检查
3	基础轴线位移	10	用经纬仪或拉线尺量检查
4	基础截面尺寸	±8	尺量检查

7.3.4 成品保护

①模板拆除应在混凝土强度能保证其表面及棱角不受损坏时,方可进行。

②已浇筑的混凝土强度达到 1.2 MPa 以上后,方可在其上行人或进行一下道工序施工。

③在施工过程中,应对暖卫、电气、暗管以及所立的门口等进行妥善保护,不得碰撞。

④基础内预留孔洞、预埋螺栓、铁件,应按设计要求设置,不得后凿混凝土。

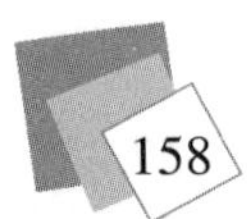

7.3.5　施工注意事项

混凝土应分层振捣密实,防止出现蜂窝、麻面和混凝土不密实;在吊帮(模板)根部,应待梁下底板浇筑完毕,停0.5~1.0 h,待沉实后再浇筑上部梁,以免在根部出现“烂根”现象。

在混凝土浇捣中应防止垫块位移、钢筋紧贴模板,或振捣不实造成露筋。

为严格保持混凝土表面标高正确,要注意避免水平柱移动,或混凝土多铺过厚,少铺过薄;操作时要认真找平,模板要支撑牢固等。

基础大放脚处的混凝土窝角应顺直,后浇带处的混凝土必须平整顺直,钢筋不得被污染。

7.3.6　质量验收资料

根据《混凝土结构工程施工质量验收规范》(GB 50204—2015),质量验收资料包括钢筋加工检验批质量验收记录表、钢筋安装工程检验批质量验收记录、模板安装工程检验批质量验收记录表、模板拆除工程检验批质量验收记录表、混凝土原材料及配合比设计检验批质量验收记录表、混凝土施工检验批质量验收记录表、现浇结构外观及尺寸偏差检验批质量验收记录表、分项工程质量验收记录。

思考与练习

1. 简述筏板基础的特点(优缺点)。
2. 简述筏板基础的施工顺序。
3. 简述筏板基础的质量验收标准。

第 8 章　箱形基础施工

8.1　箱形基础构造

8.1.1　箱形基础概念

箱形基础是指由底板、顶板、钢筋混凝土纵横隔墙构成的整体现浇钢筋混凝土结构(图8.1)。箱形基础具有较大的基础底面、较深的埋置深度和中空的结构形式,上部结构的部分荷载可用开挖卸去的土的质量得以补偿。与一般的实体基础比较,它能显著地提高地基的稳定性,降低基础沉降量。

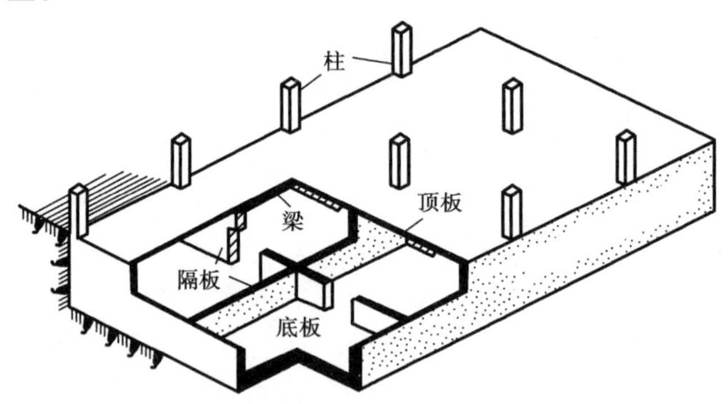

图 8.1　箱形基础

8.1.2　箱形基础特点

①具有很大的刚度和整体性,因而能有效调整基础的不均匀沉降,常用于上部荷载较大、地基软弱且分布不均的情况。当地基特别软弱且复杂时,可采用箱形基础下设桩基的方案。

②具有较好的抗震效果,因为箱形基础将上部结构较好地嵌固于基础,基础埋置又较深,因而可降低建筑物的重心,从而增加建筑物的整体性。在地震区,对抗震、人防和地下室有要求的高层建筑,宜采用箱形基础。

③具有较好的补偿性。箱形基础的埋置深度一般较大，基础底面处的土自重应力和水压力在很大程度上补偿了由于建筑物自重和荷载产生的基底压力。如果箱形基础有足够埋深，使得基底土自重应力等于基底接触压力。从理论上讲，基底附加压力等于零，在地基中不会产生附加应力，因而也不会产生地基沉降，也不存在地基承载力问题，按照这种概念进行地基基础设计称为补偿性设计。但施工过程中，基坑开挖解除了土自重使得坑底发生回弹。当建造上部结构和基础时，土体会因再度受压而发生沉降。在该过程中，地基中的应力发生一系列变化。因此，实际上不存在那种全部引起沉降和强度问题的理想情况，但如果能精心设计、合理施工，就能有效发挥箱形基础的补偿作用。

8.1.3　箱形基础平面尺寸要求

箱形基础的平面尺寸应根据工程地质条件、上部结构布置、地下结构底层平面及荷载分布等因素，按现行国家标准《高层建筑筏形与箱形基础技术规范》(JGJ 6—2011)的有关规定确定。当需要扩大底板面积时，宜优先扩大基础的宽度。当采用整体扩大箱形基础方案时，扩大部分的墙体应与箱形基础的内墙或外墙连通成整体，且扩大部分墙体的挑出长度不宜大于地下结构埋入土中的深度。

①箱形基础的内、外墙应沿上部结构柱网和剪力墙纵横均匀布置。当上部结构为框架或框剪结构时，墙体水平截面总面积不宜小于箱形基础水平投影面积的1/12；当基础平面长宽比大于4时，纵墙水平截面面积不宜小于箱形基础水平投影面积的1/18。在计算墙体水平截面面积时，可不扣除洞口部分。

②箱形基础的高度应满足结构承载力和刚度的要求，不宜小于箱形基础长度(不包括底板悬挑部分)的1/20，且不宜小于3 m。

③箱形基础的底板厚度应根据实际受力情况、整体刚度及防水要求确定，底板厚度不应小于400 mm，且板厚与最大双向板格的短边净跨之比不应小于1/14。底板除应满足正截面受弯承载力的要求外，尚应满足受冲切承载力的要求。

④箱形基础的墙身厚度应根据实际受力情况、整体刚度及防水要求确定。外墙厚度不应小于250 mm，内墙厚度不宜小于200 mm。墙体内应设置双面钢筋，竖向和水平钢筋的直径均不应小于10 mm，间距不应大于200 mm。除上部为剪力墙外，内、外墙的墙顶处宜配置两根直径不小于20 mm的通长构造钢筋。

⑤箱形基础上的门洞宜设在柱间居中部位，洞边至上层柱中心的水平距离不宜小于1.2 m，洞口上过梁的高度不宜小于层高的1/5，洞口面积不宜大于柱距与箱形基础全高乘积的1/6。墙体洞口周围应设置加强钢筋，洞口四周附加钢筋面积不应小于洞口内被切断钢筋面积的一半，且不应少于两根直径为14 mm的钢筋，此钢筋应从洞口边缘处延长40倍钢筋直径。

⑥箱形基础顶板厚度不应小于200 mm。

⑦底层柱与箱形基础交接处，柱边和墙边或柱角和八字角之间的净距不宜小于50 mm，且应验算底层柱下墙体的局部受压承载力；当不能满足时，应增加墙体的承压面积或采取其他有效措施。

8.1.4 箱形基础的构造要求

①平面上应尽量使箱形基础底面形心与结构竖向永久荷载合力作用点重合。当偏心距较大,可通过调整箱形基础底板外伸悬挑长度的办法进行调整。不同的边缘部位,采用不同的悬挑长度,尽量使其偏心效应最小。当地基土比较均匀时,在荷载效应准永久组合下,其偏心距不宜大于与其方向一致的基础底面边缘抵抗矩和基础底面面积之比的1/10倍。

②箱形基础的高度应满足结构强度、刚度和使用要求,其值不宜小于长度的1/20,且不宜小于3 m。

③箱形基础的埋置深度应满足抗倾覆和抗滑移的要求。在抗震设防地区,其埋深不宜小于建筑物高度的1/15,同时基础高度要适合做地下室的使用要求,净高不应小于2.2 m(箱形基础高度指箱形基础底板底面到顶板顶面的外包尺寸)。

④箱形基础每平方米基础面积上墙体长度不小于400 mm或墙体水平截面总面积不宜小于箱形基础外墙外包尺寸的水平投影面积的1/10(不包括地板悬挑部分面积)。对基础平面长宽比大于4的箱形基础,其纵墙水平截面面积不得小于外墙外包尺寸的水平投影面积的1/18。计算墙体水平截面面积时,不扣除洞口部分。

⑤箱形基础的墙体厚度应根据实际受力情况确定,外墙不应小于250 mm,常用250~400 mm;内墙不宜小于200 mm,常用200~300 mm。

⑥墙体一般采用双向、双层配筋,无论竖向、横向其配筋均不应小于Φ10@200。除上部结构为剪力墙外,箱形基础墙顶部均宜配置两根以上不小于Φ20的通长构造筋。

⑦箱形基础中应尽量少开洞口,必须开设洞口时,门洞应设置在柱间居中位置,洞边至柱中心的距离不宜小于1.2 m,洞口上过梁的高度不宜小于层高的1/5,洞口面积不宜大于柱距与箱形基础全高乘积的1/6。墙体洞口周围设置加强筋,附加钢筋面积应不小于洞口内被切断钢筋面积的一半,且不少于两根直径为16 mm的钢筋,此钢筋应从洞口边缘处延长40倍钢筋直径。

8.2 箱形基础施工工艺

8.2.1 工艺流程

基础定位、放线标识→基坑开挖→基底清理→验坑→封底→基础钢筋绑扎→钢筋验收→模板安装→混凝土浇筑→模板拆除→养护→土方回填。

8.2.2 操作工艺

(1)基础定位、放线标识

根据施工轴线控制网,用经纬仪测量,拉线丈量定出基坑位置,并做好标志。在基坑四边缘沿外设置十字临时控制桩并加以保护,以便开挖过程中随时用此检查坑的位置。

(2)基坑开挖

基坑开挖采用机械与人工相结合的方法。当基坑开挖到一定深度后,由施工标高控制点,根据现场场地实际情况,用水准仪转测一个合适的标高值到基坑四壁,做好标志,以作基坑开挖深度控制用。

(3)基底清理

封底前,必须将坑底及侧壁修理干净,清除杂物及积水。

(4)验坑

清理完成后及时通知现场业主代表、监理进行基坑验收。

(5)封底

基槽验收通过后即进行混凝土垫层施工,支好模板后进行浇捣,用平板振动机振捣,确保垫层的厚度和强度达到设计要求。混凝土浇筑完毕应重视养护工作,宜在 12 h 内浇水用塑料薄膜覆盖,保持混凝土面湿润状态。常温下,养护时间不少于 7 d。

(6)基础钢筋绑扎:底板钢筋绑扎→墙身钢筋绑扎→顶板钢筋绑扎

①底板钢筋绑扎:按照图纸标明的钢筋间距用墨斗在混凝土垫层上弹出位置线(包括基础梁钢筋位置线)。按弹出的钢筋位置线,先铺底板下层钢筋,如设计无要求,一般情况下先铺短向钢筋,再铺长向钢筋。钢筋绑扎时,靠近外围两行的相交点每点都绑扎,中间部分的相交点可相隔交错绑扎,双向受力的钢筋必须将钢筋交叉点全部绑扎。绑扎时采用八字扣或交错变换方向绑扎,必须保证钢筋不发生位移。底板如有基础梁,可预先分段绑扎骨架,然后安装就位,或根据梁位置线就地绑扎成型。基础底板采用双层钢筋时,绑扎完下层钢筋后,摆放铁马凳或钢筋支架。在铁马凳上摆放纵横两个方向的定位钢筋,钢筋上下次序及绑扣方法同底板下层钢筋。钢筋绑扎完毕后,进行垫块码放,间距宜为 1 m,厚度满足钢筋保护层要求。根据弹好的墙、柱位置线,将墙、柱伸入基础的插筋绑扎牢固,插入基础深度和甩出长度要符合设计及规范要求。同时用钢管或钢筋将钢筋上部固定,保证甩筋位置准确、垂直,不歪斜、倾倒、变位。

②墙身钢筋绑扎:将预埋的插筋清理干净。先绑扎 2 ~4 根竖筋,并画好横筋分档标志,然后在下部及齐胸处绑扎两根横筋定位,并画好竖筋分档标志。墙筋为双向受力钢筋,所有钢筋交叉点应逐点绑扎,双排钢筋之间应绑扎间距支撑和拉筋。在墙筋的外侧应绑扎或安装垫块,以保证钢筋保护层厚度。为保证门窗洞口标高位置正确,在洞口竖筋上画出标高线。门窗洞口要按设计要求绑扎过梁钢筋。配合其他工程安装预埋管件、预留洞口等,其位置、标高均应符合设计要求。

③顶板钢筋绑扎:清理模板上的杂物,用墨斗弹出主筋、分布筋间距。按设计要求,先摆放受力主筋,后放分布筋。除外围两根筋的相交点全部绑扎外,其余各点可交错绑扎。如板为双层钢筋,两层钢筋之间须加铁马凳,以确保上部钢筋的位置。板底钢筋绑扎完毕后,及时进行水电管路敷设和各种埋件的预埋工作。水电预埋工作完成后,及时进行钢筋盖铁的绑扎工作。绑扎时要挂线绑扎,保证盖铁两端成行成线。盖铁与钢筋相交点必须全部绑扎。钢筋绑扎完毕后,及时进行钢筋保护层垫块和盖铁马凳的安装工作。

(7)钢筋验收

清除杂物、泥块和清理干净底板。进行“三检”,完善相关资料及隐蔽检查记录。最后报请监理验收。

(8)模板安装:立底模板→放钢筋并绑扎→支侧模板

基础部分模板全部采用组合钢模板,支撑系统采用普通钢管扣件。使用钢模板经济且可循环利用。防震缝的宽度一般为50～70 mm。防震缝之间可加木头或者泡沫,待到拆模板时再把木头或泡沫拿掉。

(9)混凝土浇筑

箱形基础底板一般较厚,混凝土工程量一般也较大,因此混凝土施工时,必须考虑混凝土散热的问题,防止出现温度裂缝。混凝土必须连续浇筑,一般不得留置施工缝,所以各种混凝土材料和设备机具必须保证供应。墙体施工缝处宜留置企口缝,或按设计要求留置。墙柱甩出钢筋必须用塑料套管加以保护,避免混凝土污染钢筋。混凝土应连续浇筑。混凝土采用机械振捣,以保证混凝土密实。用插入式振捣棒振捣,插入要迅速,拔出要缓慢,振捣至表面泛浆无气泡为止。

(10)模板拆除

在混凝土强度能保证其表面及棱角不因拆除模板而受损后,方可拆除。拆装模板的顺序和方法应按照配板设计的规定进行。若无设计规定时,应遵循先支后拆、后支先拆;先拆不承重的模板、后拆承重部分的模板,自上而下;支架先拆侧向支撑,后拆竖向支撑等原则。

(11)混凝土养护

混凝土浇筑完毕后必须养护,防止混凝土内外温差过大而发生开裂,影响混凝土质量。每天派专人洒水养护,时间间隔以保持混凝土湿润状态为度,养护时间不少于7 d。

(12)土方回填

将回填土分层回填夯实,压实系数不小于95%。室内的回填土回填至地坪垫层以下高度。

8.3 箱形基础质量验收

8.3.1 依据标准

①《建筑工程施工质量验收统一标准》(GB 50300—2013)。

②《建筑地基基础工程施工质量验收规范》(GB 50202—2013)。

③《钢筋混凝土结构工程施工质量验收规范》(GB 50204—2015)。

④《普通混凝土配合比设计规程》(JGJ 55—2011)。

⑤《砌筑砂浆配合比设计规程》(JGJ/T 98—2010)。

⑥《普通混凝土用砂、石质量标准及检验方法》(JGJ 52—2006)。

⑦《混凝土外加剂应用技术规范》(GBJ 50119—2013)。

8.3.2 适用范围

适用于工业及民用建筑箱形基础项目。

8.3.3　施工准备

(1)作业条件

①地基土质情况、钎探、地基处理、基础轴线尺寸、基底标高均经过地勘、监理、设计验收,并办完隐检手续。

②完成基槽验线,办完预检手续。

③地下降水工作完成,具备施工条件。

④校核混凝土配合比。根据设计及规范要求,做混凝土配合比试配。复试使用材料,进行技术交底,检查调整后台磅秤,准备好混凝土试模。

(2)材质要求

①水泥:水泥品种、强度等级应根据设计要求确定。质量符合现行水泥标准。工期紧时可做水泥快测。必要时要求厂家提供水泥含碱量报告。

②砂、石子:根据结构尺寸、钢筋密度、混凝土施工工艺、混凝土强度等级的要求确定石子粒径、砂子细度。砂、石质量符合现行标准。

③水:自来水或不含有害物质的洁净水。

④外加剂:根据施工组织设计要求,确定是否采用外加剂。外加剂必须经试验合格后,方可在工程上使用。必要时要求厂家提供含碱量报告。

⑤掺合料:根据施工组织设计要求,确定是否采用掺合料。质量符合现行标准。

⑥钢筋:钢筋的级别、规格必须符合设计要求。质量符合现行标准。表面无老锈和油污,必要时做化学分析。

⑦脱模剂:水质脱模剂。

(3)施工器具

①混凝土机具:应备有磅秤、混凝土搅拌机、插入式振捣器、平尖头铁锹、胶皮管、手推车、布料杆、3 m 杠尺、木抹子、塑料布等。

②钢筋机具:调直机、弯曲机、切断机、钢筋钩子、扳手、无齿锯、钢筋连接机具、电焊机、撬棍。

③模板机具:铁木榔头、水平尺、手锯、钢卷尺、拖线板、气泵、吸尘器、手提电锯等。

8.3.4　操作工艺流程

(1)钢筋绑扎工艺流程

核对钢筋半成品→画钢筋位置线→绑扎基础钢筋(墙体、顶板钢筋)→预埋管线及铁件→垫好垫块及铁马凳→隐检。

(2)模板安装工艺流程

确定组装模板方案→搭设内外支撑→安装内外模板(安装顶板模板)→预检。

(3)混凝土工艺流程

搅拌混凝土→混凝土运输→浇筑混凝土→混凝土养护。

8.3.5 施工操作工艺

(1)基础钢筋绑扎

①核对钢筋半成品:按设计图纸及洽商变更核对加工的半成品钢筋,对其规格、形状、尺寸、型号进行检验,挂牌标识。

②弹线:按照钢筋间距,从距模板端头、梁板边 5 cm 起,用墨斗在混凝土垫层上弹出墨线。

③先铺底板下层钢筋,如设计没有要求,一般情况下先铺短向钢筋,再铺长向钢筋。

④钢筋绑扎时,靠近外围两行的相交点每点都绑扎,中间部分的相交点可相隔交错绑扎,双向受力的钢筋必须将钢筋交点全部绑扎。绑扎时采用八字扣或交错变换方向绑扎,保证钢筋不位移。

⑤底板如有基础梁,可预先分段绑扎骨架,然后安装就位,或根据梁位置线就地绑扎成型。

⑥基础底板采用双层钢筋时,绑扎完下层钢筋后,摆放铁马凳,间距以人踩不变形为准,一般宜为 1 m 左右。在铁马凳上摆放纵横两个方向的定位钢筋,钢筋上下次序与底板下层钢筋相反。

⑦基础底板和基础梁钢筋接头位置要符合设计要求,同时进行抽样检测。

⑧钢筋绑扎完毕后,进行垫块码放,间距宜为 1 m。厚度满足钢筋保护层要求。

⑨根据弹好的墙、柱位置线,将墙、柱伸入基础的插筋绑扎牢固,插入基础深度和甩出长度要符合设计及规范要求,同时用钢管或钢筋将钢筋上部固定,保证甩出钢筋位置准确。

(2)墙筋绑扎

①将预埋的插筋清理干净,调整钢筋位置使其保护层厚度符合规范要求。先绑扎 2 ~ 4 根竖筋,并画好横筋分档标志,然后在下部及齐腰处绑扎两根横筋定位,并画好竖筋分档标志。一般情况横筋在外,竖筋在里,所以先绑扎竖筋后绑扎横筋。

②墙筋为双向受力钢筋,所有钢筋交点都应绑扎。竖筋搭接范围内,水平钢筋不少于 3 道。横竖筋搭接长度和搭接位置,符合设计和施工规范要求。

③双排钢筋之间应绑扎间距支撑和拉筋,以固定钢筋间距和保护层厚度。支撑或拉筋可用Φ12、Φ8 钢筋制作,间距 600 mm 左右,用以保证双排钢筋之间的距离。

④在墙筋的外侧应绑扎或安装垫块,用以保证钢筋保护层厚度。

⑤为保证门窗洞口标高位置正确,在洞口竖筋上画出标高线。门窗洞口要按设计要求绑扎过梁钢筋,锚入墙内长度要符合设计及规范要求。

⑥各连接点的抗震构造钢筋及锚固长度,均应按设计要求进行绑扎。

(3)顶板钢筋绑扎

①清理模板上的杂物,用墨斗弹出钢筋间距。

②按设计要求,先摆放受力主筋,后放分布筋。绑扎板底钢筋一般用顺扣或八字扣,除外围两根钢筋的相交点全部绑扎外,其余各点可交错绑扎(双向板相交点须全部绑扎)。

③板底钢筋绑扎完毕后,及时进行水电管路的附设和各种埋件的预埋工作。

④水电预埋工作完成后,及时进行钢筋盖铁绑扎。绑扎时要挂线绑扎,保证盖铁两端成行成线。盖铁钢筋相交点必须全部绑扎。

⑤钢筋绑扎完毕后,及时进行钢筋保护层垫块和盖铁马凳的安装工作。如设计无要求,垫

块厚度宜为 15 mm。钢筋的锚固长度以设计为准。

(4)底板模板安装

①底板模板安装按线就位,外侧用钢管作支撑,支撑在基坑侧壁上,支撑点处垫短块木板。

②由于箱形基础底板与墙体分开施工,且一般具有防水要求,所以墙体施工缝一般留在距底板顶部 30 cm 处,这样,墙体模板必须和底板模板同时安装一部分。这部分模板一般高度为 600 mm 即可。采用吊模施工,内侧模板底部用铁马凳支撑,内外侧模板用穿墙螺栓加以连接,再用斜撑与基坑侧壁撑牢。如底板中有基础梁,则全部采用吊模施工,梁与梁之间用钢管加以锁定。

(5)墙体模板安装

①单块墙模板就位组拼安装施工要点如下:

a. 在安装模板前,按位置线安装门窗洞口模板,与墙体钢筋固定,并安装好预埋件或木砖等。

b. 墙两侧模板宜同时安装。第一步模板边安装锁定边插入穿墙或对拉螺栓和套管,并将两侧模对准墙线使之稳定,然后用钢卡或碟形扣件与钩头螺栓固定于模板边肋上,调整两侧模平直。

c. 用同样方法安装其他若干步模板到墙顶部,内钢楞外侧安装外钢楞,并将其用方钢卡或蝶形扣件与钩头螺栓和内钢楞固定。穿墙螺栓由内外钢楞中间插入,用螺母将蝶形扣件拧紧,使两侧模板成为一体。安装斜撑,调整模板垂直,合格后与墙、柱、楼板模板连接。

d. 钩头螺栓、穿墙螺栓、对接螺栓等连接件都要连接牢靠,松紧力度一致。

②预拼装墙模板施工要点如下:

a. 安装穿墙或对拉螺栓和支固塑料套管。要使螺栓杆端向上,套管套于螺杆上,清扫模内杂物。

b. 检查墙模板安装位置的定位基准面墙线及墙模板编号,符合图纸后,安装门窗口等模板及预埋或木砖。

c. 将一侧预拼装墙模板按位置线吊装就位,安装斜撑或使工具型斜撑调整至模板与地面呈 75°,使其稳定坐落于基准面上。

d. 以同样方法就位另一侧墙模板,使穿墙螺栓穿过模板并在螺栓杆端戴上扣件和螺母,然后调整两块模板的位置和垂直度,与此同时调整斜撑角度。合格后固定斜撑,紧固全部穿墙螺栓的螺母。

e. 模板安装完毕后,全面检查扣件、螺栓、斜撑是否紧固、稳定,模板拼缝及下口是否严密。

(6)顶板模板安装工艺

①支架支柱可用早拆翼托支柱,从边垮一侧开始,依次逐排安装,同时安装钢(木)楞及横拉杆,其间距按模板设计的规定。一般情况下,支柱间距为 80 ~ 120 cm,钢(木)楞间距为60 ~ 120 cm,并根据板厚计算确定。需要装双层钢(木)楞时,上层钢(木)楞间距一般为 49 ~ 60 cm。顶板模板应考虑 1/1 000 ~ 3/1 000 的起拱量。

②支架搭设完毕后,要认真检查板下钢(木)楞与支柱连接及支架安装的牢固与稳定。根据给定的水平线,认真调节支模翼托的高度,将钢(木)楞找平。

③铺设竹胶板、板缝下必须设钢(木)楞,以防止板端部变形。

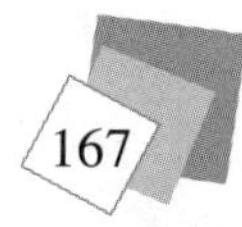

④平模铺设完毕后,用靠尺、塞尺和水平仪检查平整度与楼板底标高,并进行校正。

(7)模板拆除施工工艺

①模板拆除的一般要点:

a.侧模拆除:在混凝土强度能保证其表面及棱角不因拆除模板而受损后,方可拆除。一般情况下,对于柱及梁板模板,混凝土强度应达到1.2 MPa。梁板底模板按《混凝土结构工程施工质量验收规范》(GB 50204—2015)的有关条款执行。

b.冬期施工中,模板拆除必须执行《建筑工程冬期施工规程》(JGJ/T 104—2011)的有关条款。作业班组必须进行拆模申请,经技术部门批准后方可拆除,同时要有拆模记录。

c.对于已拆除模板及支架的结构,在混凝土达到设计强度等级后方可承受全部使用荷载;当施工荷载所产生的效应比使用荷载的效应更不利时,必须经核算,加设临时支撑。

d.拆装模板的顺序和方法应按照模板设计的规定进行。若无设计规定时,应遵循先支后拆,后支先拆;先拆不承重的模板,后拆承重部分的模板;自上而下,支架先拆侧向支撑,后拆竖向支撑等原则。

e.模板工程作业组织中,应遵循支模与拆模都由一个作业班组执行作业原则。

②顶板模板拆除工艺:

a.拆除支架部分水平拉杆和剪刀撑,以便于作业。

b.下调支柱顶翼托螺杆后,先拆钩头螺栓,以使钢框竹编平模与钢楞脱开。然后拆下U形卡和L形插销,再用钢钎轻轻撬动钢框竹编模板,或用锤轻击,拆下第一块,然后逐块逐段拆除。切不可用钢棍或铁锤猛击乱撬。每块竹编模板拆下时,或用人工托扶放于地上,或将支柱顶翼托螺杆再下调相等高度,在原有钢楞上适量搭设脚手板,以托住拆下的模板。严禁使拆下的模板自由坠落于地面。

③墙模板拆除工艺:

a.分散拆除墙模的施工要点与柱模分散拆除相同。只是在拆各层单块模板时,先拆墙两端接缝窄条模板,然后再向墙中心方向逐块拆除。

b.整拆墙体组拼大模板,在调节三角斜支腿丝杆使地脚离地时,以模板脱离墙体后与地面呈75°左右为宜。若无工具型斜支腿,拆除斜撑、穿墙螺栓时,要留下最上排和中排的部分螺栓,松开但不退掉螺母和扣件,以防在模板撬离时倾倒。

c.一般采用矿渣水泥进行混凝土配合比设计,经设计同意,可考虑设置后浇带。

(8)混凝土施工工艺

①基础底板混凝土施工:

a.箱形基础底板一般较厚,混凝土方量一般也较大,因此,混凝土施工时必须考虑混凝土散热的问题,防止出现混凝土温度裂缝。

b.混凝土必须连续浇筑,一般不得留置施工缝,所以,各种混凝土材料和设备必须保证连续供应。

c.墙体施工缝处宜留置企口缝,或按设计要求留置。

d.墙柱甩出钢筋必须用塑料套管加以保护,避免混凝土污染钢筋。

②墙体混凝土施工。

a.混凝土现场搅拌工艺:

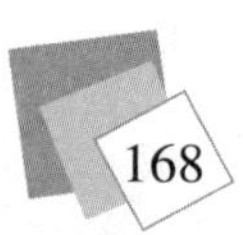

• 浇筑混凝土前1.5 h左右,由土建工长或混凝土工长填写“混凝土浇筑申请书”,一式3份,施工技术负责人签字后,土建工长留一份,交试验员一份,交资料员一份归档。

• 试验员依据混凝土浇筑申请书填写有关资料,做砂石含水率试验,调整混凝土配合比中的材料用量,换算每盘的材料用量。写配合比板,经施工技术负责人校核后,挂在搅拌机旁醒目处。定磅秤或电子秤及水继电器。

• 材料用量、投放:水、水泥、外加剂、掺合料的计量误差为±2%,砂石料的计量误差为±3%。投料顺序为:石子→水泥→外加剂粉剂→掺合料→砂子→水→外加剂液剂。

• 对于强制式搅拌机,不掺外加剂时,搅拌时间不少于90 s;掺外加剂时,搅拌时间不少于120 s。对于自落式搅拌机,在强制式搅拌机搅拌时间的基础上增加30 s。

• 当一个配合比第一次使用时,应由施工技术负责人主持,做混凝土开盘鉴定。如果混凝土和易性不好,可以在维持水灰比不变的前提下,适当调整砂率、水及水泥量,至和易性良好为止。

b. 混凝土运输:混凝土从搅拌地点运至浇筑地点,延续时间尽量缩短,根据气温控制在0.5~1 h。当采用商品混凝土时,应充分搅拌后再卸车,不允许任意加水。混凝土发生离析时,浇筑前应二次搅拌,已初凝的混凝土不应使用。

c. 混凝土浇筑、振捣:

• 墙体浇筑混凝土前,在底部接槎处先浇筑5 cm厚与墙体混凝土成分相同的减石子砂浆。用铁锹均匀入模,不应用吊斗直接灌入模内。利用混凝土杆检查浇筑高度,一般控制在40 cm左右,分层浇筑、振捣。混凝土下料点应分散布置。墙体连续进行浇筑,上下层混凝土浇筑间隔时间不得超过水泥的初凝时间,一般不超过2 h。墙体混凝土的施工缝宜设在门洞过梁跨中1/3区段。当采用平模时可留在内纵横墙的交界处,墙应留垂直缝。接槎处应振捣密实。浇筑时随时清理落地灰。

• 洞口浇筑时,应使洞口两侧浇筑高度对称均匀,振捣棒距洞边30 cm以上,宜从两侧同时振捣,防止洞口变形。大洞口下部模板应开口,并补充混凝土及振捣。

• 振捣:插入式振捣棒移动间距不宜大于振捣器作用半径的1.5倍,一般应小于50 cm,门洞口两侧构造柱应振捣密实,不得漏振。每一振点的延续时间,以表面呈现浮浆和不再沉落为达到要求,避免碰撞钢筋、模板、预埋件、预埋管等。

• 墙上口找平:混凝土浇筑振捣完毕,将上口甩出的钢筋加以整理,用木抹子按预定标高线,按比顶板底部高出20 mm将混凝土表面找平。

d. 拆模养护:常温时混凝土强度大于1.2 MPa,冬期时掺防冻剂,使混凝土强度达到4 MPa时拆模。保证拆模时,墙体不粘模、不掉角、不裂缝,及时修整墙面、边角。常温时及时喷水养护,养护时间不少于7 d,浇水次数应能保护混凝土湿润。

③顶板混凝土施工:

a. 浇筑顶板混凝土的虚铺厚度应略大于板厚,用平板振捣器垂直浇筑方向来回振捣。可用插入式振捣棒沿浇筑方向拖拉振捣厚板,并用钢插尺检查混凝土厚度,振捣完毕后用杠尺及长抹子抹平,表面拉毛。

b. 浇筑完毕后及时用塑料布覆盖混凝土,并浇水养护。

④冬期施工:

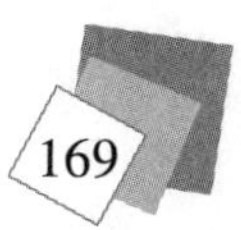

a. 室外日平均气温连续 5 d 稳定低于 +5 ℃,即进入冬期施工。

b. 原材料的加热、搅拌、运输、浇筑和养护等,应根据冬施方案施工。掺防冻剂混凝土出机温度不得低于 +10 ℃,入模温度不得低于 +5 ℃。

c. 冬期注意检查外加剂掺量,测量水及骨料的加热温度,以及混凝土的出机温度、入模温度。骨料必须清洁,不含有冰雪等冻结物,混凝土搅拌时间比常温延长 50%。

d. 混凝土养护做好测温记录,初期养护温度不得低于防冻剂的规定温度。当温度降低到防冻剂的规定温度以下时,强度不应小于 4 MPa。

e. 拆除模板及保温层,应在混凝土冷却至 +5 ℃以后。拆模时混凝土温度与环境温度差大于 20 ℃时,表面应覆盖养护,使其缓慢冷却。

8.3.6 质量标准

(1)钢筋加工工程主控项目

①钢筋进场时,应按现行国家标准《钢筋混凝土用钢　第 2 部分:热轧带肋钢筋》(GB/T 1499.2—2018)等的规定抽取试件做力学性能检验,其质量必须符合标准的规定。

②对有抗震设防要求的框架结构,其纵向受力钢筋的强度应满足设计要求;当设计无具体要求时,对一、二级抗震等级,检验所得的强度实测值应符合下列规定:

a. 钢筋的抗拉强度实测值与屈服强度实测值的比值不应小于 1.25。

b. 当设计要求钢筋末端需做 135°弯钩时,HRB335 级、HRB400 级钢筋的弯弧内直径不应小于钢筋直径的 4 倍,弯钩的弯后平直部分长度应符合设计要求。

c. 钢筋的屈服强度实测值与强度标准值的比值不应大于 1.3。

③当发现钢筋脆断、焊接性能不良或力学性能显著不正常等现象时,应对该批钢筋进行化学成分检验或其他专项检验。

④受力钢筋的弯钩和弯折应符合下列规定:

a. HPB235 级钢筋末端应做 180°弯钩,其弯弧内直径不应小于钢筋直径的 2.5 倍,弯钩的弯后平直部分长度不应小于钢筋直径的 3 倍。

b. 钢筋做不大于 90°的弯折时,弯折处的弯弧内直径不应小于钢筋直径的 5 倍。

⑤除焊接封闭环式箍筋外,箍筋的末端应做弯钩,弯钩形式应符合设计要求;当设计无具体要求时,应符合下列规定:

a. 箍筋弯钩的弯弧内直径除应满足第④条的规定外,还应不小于受力钢筋直径。

b. 箍筋弯钩的弯折角度:对一般结构,不应小于 90°;对有抗震等要求的结构,应为 135°。

c. 箍筋弯后平直部分长度:对一般结构,不宜小于箍筋直径的 5 倍;对有抗震等要求的结构,不应小于箍筋直径的 10 倍。

(2)钢筋加工工程一般项目

①钢筋应平直、无损伤,表面不得有裂纹、油污、颗粒状或片状老锈。

②钢筋调直宜采用机械方法,也可采用冷拉方法。当采用冷拉方法调直钢筋时,HPB235 级钢筋的冷拉率不宜大于 4%,HRB335 级、HRB400 级和 RRB400 级钢筋的冷拉率不宜大于 1%。

③钢筋加工的允许偏差应符合表 8.1 的规定。

表 8.1　钢筋加工的允许偏差

项　目	允许偏差/mm
受力钢筋沿长度方向全长的净尺寸	±10
弯起钢筋的弯折位置	±20
箍筋内净尺寸	±5

(3)钢筋安装工程主控项目

①纵向受力钢筋的连接方式应符合设计要求。

②在施工现场,应按国家现行标准《钢筋机械连接通用技术规程》(JGJ 107—2016)、《钢筋焊接及验收规程》(JGJ 18—2012)的规定抽取钢筋机械连接接头、焊接接头试件做力学性能检验,其质量应符合有关规程的规定。

③钢筋安装时,受力钢筋的品种、级别、规格和数量必须符合设计要求。

(4)钢筋安装工程一般项目

①钢筋的接头宜设置在受力较小处。同一纵向受力钢筋不宜设置两个或两个以上接头。接头末端至钢筋弯起点的距离不应小于钢筋直径的 10 倍。

②在施工现场,应按国家现行标准《钢筋机械连接通用技术规程》(JGJ 107—2016)、《钢筋焊接及验收规程》(JGJ 18—2012)的规定对钢筋机械连接接头、焊接接头的外观进行检查,其质量应符合有关规程的规定。

③当受力钢筋采用机械连接接头或焊接接头时,设置在同一构件内的接头宜相互错开。

④纵向受力钢筋机械连接接头及焊接接头连接区段的长度为 35 倍 d(d 为纵向受力钢筋的较大直径)且不小于 500 mm,凡接头中点位于该连接区段长度内的接头均属于同一连接区段。同一连接区段内,纵向受力钢筋机械连接及焊接的接头面积百分率为该区段内有接头的纵向受力钢筋截面面积与全部纵向受力钢筋截面面积的比值。

⑤同一连接区段内,纵向受力钢筋的接头面积百分率应符合设计要求;当设计无具体要求时,应符合下列规定:

a. 在受拉区不宜大于 50%。

b. 接头不宜设置在有抗震设防要求的框架梁端、柱端的箍筋加密区;当无法避开时,对等强度高质量机械连接接头,不应大于 50%。

c. 直接承受动力荷载的结构构件中,不宜采用焊接接头;当采用机械连接接头时,不应大于 50%。

⑥同一构件中相邻纵向受力钢筋的绑扎搭接接头宜相互错开。绑扎搭接接头中钢筋的横向间距不应小于钢筋直径,且不应小于 25 mm。

当工程中确有必要增大接头面积百分率时,对梁类构件,不应大于 50%;对其他构件,可根据实际情况放宽。钢筋绑扎搭接接头连接区段的长度为 $1.3l_1$(l_1 为搭接长度),凡搭接接头中点位于该连接段长度内的搭接接头均属于同一连接区段。同一连接区段内,纵向钢筋搭接接头面积百分率为区段内有搭接接头的纵向受力钢筋截面面积与全部纵向受力钢筋截面面积的比值。

⑦同一连接区段内,纵向受拉钢筋搭接接头面积百分率应符合设计要求;当设计无具体要

求应符合下列规定：

a. 对梁类、板类及墙类构件，不宜大于 25%。

b. 对柱类构件，不宜大于 50%。

⑧根据现行国家标准《混凝土结构设计规范》(GB 50010—2010)的规定，绑扎搭接受力钢筋的最小搭接长度应根据钢筋强度、外形、直径及混凝土强度等指标经计算确定，并根据钢筋搭接接头面积百分率等进行修正。为了方便施工及验收，给出确定纵向受拉钢筋最小搭接长度的方法和受拉钢筋搭接长度的最低限值，也确定了纵向受压钢筋最小搭接长度的方法和受压钢筋搭接长度的最低限值。

⑨在梁、柱类构件的纵向受力钢筋搭接长度范围内，应按设计要求配置箍筋(图 8.2)。图 8.2 所示搭接接头中，同一连接区段内的搭接钢筋为两根。当各钢筋直径相同时，接头面积百分率为 50%。当设计无具体要求时，应符合下列规定：

a. 箍筋直径不应小于搭接钢筋较大直径的 1/4。

b. 受拉搭接区段的箍筋间距不应大于搭接钢筋较小直径的 5 倍，且不应大于 100 mm。

c. 受压搭接区段的箍筋间距不应大于搭接钢筋较小直径的 10 倍，且不应大于 200 mm。

d. 当柱中纵向受力钢筋直径大于 25 mm 时，应在搭接接头两个端面外 100 mm 范围内设置箍筋，其间距宜为 50 mm。

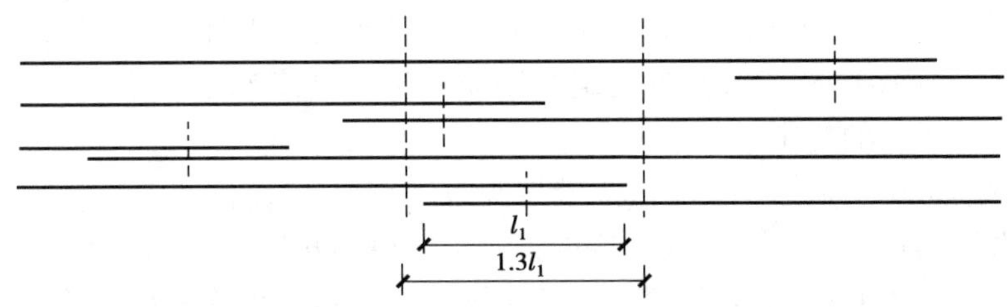

图 8.2　钢筋绑扎搭接接头连接区段及接头面积百分率

钢筋安装位置的允许偏差如表 8.2 所示。

表 8.2　钢筋安装位置的允许偏差

项　目		允许偏差/ mm
绑扎钢筋网	长、宽	±10
	网眼尺寸	±20
绑扎钢筋骨架	长	±10
	宽、高	±5
受力钢筋	间距	±10
	排距	±5
保护层厚度	基础	±10
	板、墙、壳	±3

续表

项　目		允许偏差/ mm
绑扎箍筋、横向钢筋间距		±20
钢筋弯起点位置		20
预埋件	中心线位置	5
	水平高差	+3.0

注:①检查预埋件中心线位置时,应沿纵、横两个方向测量,并取其中的较大值。
②表中梁类、板类构件上部纵向受力钢筋保护层厚度的合格点率应达到 90% 及以上,且不得有超过表中数值 1.5 倍的尺寸偏差。

(5)模板安装工程主控项目

①安装现浇结构的上层模板及其支架时,下层楼板应具有承受上层荷载的承载能力,或加设支架;上、下层支架的立柱应对准,并铺设垫板。

②涂刷模板隔离剂时,不得污染钢筋和混凝土接槎处。

(6)模板安装工程一般项目

①模板安装应满足下列要求:

a. 模板的接缝不应漏浆;在浇筑混凝土前,木模板应浇水湿润,但模板内不应有积水。

b. 模板与混凝土的接触面应清理干净并涂刷隔离剂,但不得采用影响结构性能或妨碍装饰工程施工的隔离剂。

c. 浇筑混凝土前,模板内的杂物应清理干净。

d. 对清水混凝工程及装饰混凝土工程,应使用能达到设计效果的模板。

②用作模板的地坪、胎模等应平整光洁,不得产生影响构件质量的下沉、裂缝、起砂或起鼓。

③对跨度不小于 4 m 的现浇钢筋混凝土梁、板,其模板应按设计要求起拱。当设计无具体要求时,起拱高度宜为跨度的 1/1 000 ~ 3/1 000。

④固定在模板上的预埋件、预留孔和预留洞均不得遗漏,且应安装牢固,其偏差应符合表 8.3 的规定。

表 8.3　预埋件和预留孔洞的允许偏差

项　目		允许偏差/mm
预埋钢板	中心线位置	3
预埋管、预留孔	中心线位置	3
插筋	中心线位置	5
	外露长度	+10,0
预留洞	中心线位置	10
	尺寸	+10,0

⑤现浇结构模板安装的偏差应符合表 8.4 的规定。

表 8.4　现浇结构模板安装的允许偏差

项　目		允许偏差/mm
轴线位置		5
底模上表面标高		±5
截面内部尺寸	基础	±10
	柱、墙、梁	+4，-5
层高垂直度	不大于 5 m	6
	大于 5 m	8
相邻两板表面高低差		2
表面平整度		5

注:检查轴线位置时,应沿纵、横两个方向测量,并取其中的较大值。

(7)模板拆除工程主控项目

①底模及其支架拆除时,混凝土强度应符合设计要求;当设计无具体要求时,混凝土强度应符合表 8.5 的规定。

表 8.5　底模拆除时的混凝土强度要求

构件类型	构件跨度/m	达到设计的混凝土立方体抗压强度标准值的百分率/%
板	≤2	≥50
	>2,≤8	≥75
	>8	≥100
梁、拱、壳	≤8	≥75
	>8	≥100
悬臂构件	—	≥100

②对后张法预应力混凝土结构构件,侧模宜在预应力张拉前拆除;底模支架拆除应按施工技术方案执行,当无具体要求时,不应在结构件建立预应力前拆除。

③后浇带模板拆除和支顶应按施工技术方案执行。

(8)模板拆除工程一般项目

①侧模拆除时,混凝土强度应能保证其表面及棱角不受损伤。

②模板拆除时,不应对楼层形成冲击荷载。拆除的模板和支架宜分散堆放并及时清运。

(9)混凝土原材料及配合比设计主控项目

①水泥进场时应对其品种、级别、包装或散装仓号、出厂日期等进行检查,并应对其强度、安定性及其他必要的性能指标进行复验,其质量必须符合现行国家标准《通用硅酸盐水泥》

(GB 175—2007)的规定。

当在使用中对水泥质量有怀疑或水泥出厂超过3个月(快硬硅酸盐水泥超过一个月)时，应进行复验，并按复验结果使用。钢筋混凝土上结构、预应力混凝土结构中，严禁使用含氯化物的水泥。

②混凝土中掺用外加剂的质量及应用技术应符合现行国家标准《混凝土外加剂》(GB 8076—2008)、《混凝土外加剂应用技术规范》(GB 50119—2013)等和有关环境保护的规定。

预应力混凝土结构中，严禁使用含氯化物的外加剂。钢筋混凝土结构中，当使用含氯化物的外加剂时，混凝土中氯化物的总含量应符合现行国家标准《混凝土质量控制标准》(GB 50164—2011)的规定。

③混凝土中氯化物和碱的总含量应符合现行国家标准《混凝土结构设计规范》(GB 50010—2010)和设计的要求。

④混凝土应按国家现行标准《普通混凝土配合比设计规程》(JGJ 55—2011)的有关规定，根据混凝土强度等级、耐久性和工作性等要求进行配合比设计。

对有特殊要求的混凝土，其配合比设计尚应符合国家现行有关标准的专门规定。

(10)混凝土原材料及配合比设计一般项目

①混凝土中掺用矿物掺合料的质量应符合现行国家标准《用于水泥和混凝土中的粉煤灰》(GB/T 1596—2017)等的规定。矿物掺合料的掺量应通过试验确定。

②普通混凝土所用的粗、细骨料的质量应符合国家现行标准《普通混凝土用砂、石质量及检验方法标准》(JGJ 52—2006)的规定。

③拌制混凝土宜采用饮用水；当采用其他水源时，水质应符合国家现行标准《混凝土拌合用水标准》(JGJ 63—2006)的规定。

④首次使用的混凝土配合比应进行开盘鉴定，其工作性应满足设计配合比的要求。开始生产时应至少留置一组标准养护试件，作为验证配合比的依据。

⑤混凝土拌制前，应测定砂、石含水率并根据测试结果调整材料用量，提出施工配合比。

(11)混凝土施工工程主控项目

①结构混凝土的强度等级必须符合设计要求。用于检查结构构件混凝土强度的试件，应在混凝土的浇筑地点随机抽取。取样与试件留置应符合下列规定：

a. 每拌制100盘且不超过100 m^3 的同配合比的混凝土，取样不得少于一次。

b. 每工作班拌制的同一配合比的混凝土不足100盘时，取样不得少于一次。

c. 当一次连续浇筑超过1 000 m^3 时，同一配合比的混凝土每200 m^3 取样不得少于一次。

d. 每一楼层、同一配合比的混凝土，取样不得少于一次。

e. 每次取样应至少留置一组标准养护试件，同条件养护试件的留置组数应根据实际需要确定。

②对有抗渗要求的混凝土结构，其混凝土试件应在浇筑地点随机取样。同一工程、同一配合比的混凝土，取样不应少于一次，留置组数可根据实际需要确定。

③混凝土原材料每盘称量的偏差应符合表8.6的规定。

表 8.6　原材料每盘称量的允许偏差

材料名称	每盘称量允许偏差
水泥、掺合料	±2%
粗、细骨料	+3%
水、外加剂	±2%

注：①各种衡器应定期校验，每次使用前应进行零点校核，保持计量准确。
②当遇雨天或含水率有显著变化时，应增加含水率检测次数，并及时调整水和骨料的用量。

④混凝土运输、浇筑及间歇的全部时间不应超过混凝土的初凝时间。同一施工段的混凝土应连续浇筑，并应在底层混凝土初凝之前将上一层混凝土浇筑完毕。

当底层混凝土初凝后浇筑上一层混凝土时，应按施工技术方案中对施工缝的要求进行处理。

(12)混凝土施工工程一般项目

①施工缝的位置应在混凝土浇筑前按设计要求和施工技术方案确定。施工缝的处理应按施工技术方案执行。

②后浇带的留置位置应按设计要求和施工技术方案确定。后浇带混凝土浇筑应按施工技术方案进行。

③混凝土浇筑完毕后，应按施工技术方案及时采取有效的养护措施，并应符合下列规定：

a. 应在浇筑完毕后 12 h 以内对混凝土加以覆盖并保湿养护。

b. 对采用硅酸盐水泥、普通硅酸盐水泥或矿渣硅酸盐水泥拌制的混凝土，养护时间不得少于 7 d；对掺用缓凝型外加剂或有抗渗要求的混凝土，养护时间不得少于 14 d。

c. 浇水次数应能保持混凝土处于湿润状态，混凝土养护用水应与拌制用水相同。

d. 采用塑料布覆盖养护的混凝土，其敞露的全部表面应覆盖严密，并应保持塑料布内有凝结水。

e. 混凝土强度达到 1.2 MPa 前，不得在其上踩踏或安装模板及支架。

f. 混凝土养护注意事项如下：

· 当日平均气温低于 5 ℃时，不得浇水。

· 当采用其他品种水泥时，混凝土的养护时间应根据所采用水泥的技术性能确定。

· 混凝土表面不便浇水或使用塑料布时，宜涂刷养护剂。

· 对大体积混凝土的养护，应根据气候条件按施工技术方案采取控温措施。

(13)现浇结构主控项目

①现浇结构的外观质量不应有严重缺陷。对已经出现的严重缺陷，应由施工单位提出技术处理方案，并经监理(建设)单位认可后进行处理。对经处理的部位，应重新检查验收。

②对超过尺寸允许偏差且影响结构性能和安装、使用功能的部位，应由施工单位提出技术处理方案，并经监理(建设)单位认可后进行处理。对经处理的部位，应重新检查验收。

(14)现浇结构一般项目

①现浇结构的外观质量不宜有一般缺陷。对已经出现的一般缺陷，应由施工单位按技术

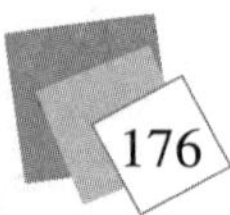

处理方案进行处理,并重新检查验收。

②现浇结构尺寸允许偏差和检验方法如表 8.7 所示。

表 8.7　现浇结构尺寸允许偏差和检验方法

<table>
<tr><th colspan="3">项　目</th><th>允许偏差/mm</th></tr>
<tr><td rowspan="4">轴线位置</td><td colspan="2">基础</td><td>15</td></tr>
<tr><td colspan="2">独立基础</td><td>10</td></tr>
<tr><td colspan="2">墙、柱、梁</td><td>8</td></tr>
<tr><td colspan="2">剪力墙</td><td>5</td></tr>
<tr><td rowspan="3">垂直度</td><td rowspan="2">层高</td><td>≤5 m</td><td>8</td></tr>
<tr><td>>5 m</td><td>10</td></tr>
<tr><td colspan="2">全高 H</td><td>H/1 000 且不大于 30</td></tr>
<tr><td rowspan="2">标高</td><td colspan="2">层高</td><td>±10</td></tr>
<tr><td colspan="2">全高</td><td>±30</td></tr>
<tr><td colspan="3">截面尺寸</td><td>+8, -5</td></tr>
<tr><td rowspan="3">电梯井</td><td colspan="2">井筒长、宽对定位中心线</td><td>+25,0</td></tr>
<tr><td colspan="2">井筒全高垂直度</td><td>H/1 000 且不大于 30</td></tr>
<tr><td colspan="2">表面平整度</td><td>8</td></tr>
<tr><td rowspan="4">预埋设施中心线位置</td><td colspan="2">预埋件</td><td>10</td></tr>
<tr><td colspan="2">预埋螺栓</td><td>5</td></tr>
<tr><td colspan="2">预埋管</td><td>5</td></tr>
<tr><td colspan="2">预留洞中心线位置</td><td>15</td></tr>
</table>

注:检查轴线、中心线位置时,应沿纵、横两个方向测量,并取其中的较大值。

8.3.7　成品保护

(1)钢筋绑扎

①顶板弯起钢筋、负弯矩钢筋绑扎好后,应做保护,禁止在上面踩踏行走。浇筑混凝土时,派钢筋工专门负责修理,保证负弯矩筋位置正确。

②绑扎钢筋时,禁止碰动预埋件及洞口模板。

③钢模板内面涂隔离剂时,不得污染钢筋。

④安装电线管、暖卫管线或其他设施时,不得任意切断和移动钢筋。

(2)模板安装

①预组拼的模板应有存放场地,场地应平整夯实。模板平放时,应有木方垫架。立放时,应搭设分类模板架,模板触地处应垫方木,以此保证模板不扭曲、不变形。不可乱堆乱放或在组拼的模板上分散堆放模板和配件。

②对于工作面已安装完毕的墙模板,禁止在吊运其他模板时碰撞,禁止在预拼装模板就位前作为临时倚靠,以防止模板变形或产生垂直偏差。工作面已安装完毕的平面模板,不可作临时堆料和作业平台,以保证支架的稳定,防止平面模板标高和平整产生偏差。

③拆除模板时,不得用大锤、撬棍硬砸猛撬,以免混凝土的外形和内部受到损伤。

(3)混凝土浇筑

①要保证钢筋和垫块位置正确,不得踩踏楼梯、楼板的弯起钢筋,不得碰动预埋件和插筋。在楼板上搭设浇筑混凝土使用的浇筑人行道,保证楼板负弯矩钢筋的位置正确。

②不得用重物冲击模板,不得在梁或楼梯踏步模板吊帮上踩,应搭设跳板,保护模板牢固和严密。

③在浇筑混凝土时,要对已经完成的成品进行保护。对浇筑上层混凝土时流下的水泥浆,要派专人及时清理干净,洒落的混凝土也要随时清理干净。

④混凝土施工时,所有甩出钢筋必须用塑料套管或塑料布加以保护,防止混凝土污染钢筋。

⑤对阳角等易碰坏的位置,应当有防护措施,有专人负责保护。

⑥冬期施工中覆盖已浇筑楼板时,要在铺好的脚手板上操作,尽量不踏脚印。

⑦顶板混凝土、防水工程完工后,应尽快进行回填土工作。

8.3.8 应注意的质量问题

(1)钢筋绑扎应注意的质量问题

①浇筑混凝土前检查钢筋位置是否正确,振捣混凝土时防止碰动钢筋,浇完混凝土后立即修整甩筋的位置,防止柱筋、墙筋位移。

②配制梁箍筋时应按内皮尺寸计算,避免梁钢筋骨架尺寸小于设计尺寸。

③箍筋末端应弯成135°,平直部分长度为10 d 。

④梁主筋伸入支座长度要符合设计要求,弯起钢筋位置应准确。

⑤板弯起钢筋和负弯矩钢筋位置应准确,施工时不应踩踏钢筋。

⑥绑扎板钢筋时用尺杆画线,绑扎时随时找正调直,防止板钢筋不顺直、位置不准确。

⑦绑扎竖向受力筋时应吊正,搭接部位绑扎不少于3个扣,绑扣不能用同一方向的顺扣。

⑧在钢筋配料加工中,端头有对焊接头时,要避开搭接范围,防止绑扎接头内混入对焊接头。

(2)混凝土浇筑应注意的质量问题

①蜂窝:混凝土一次下料过厚,振捣不实或漏振,模板有缝隙使水泥浆流失,钢筋较密而混凝土坍落度过小或石子过大,墙根部模板有缝隙,以致混凝土中的砂浆从下部涌出而造成。

②露筋:钢筋垫块位移、间距过大、漏放、钢筋紧贴模板造成露筋,或板底部振捣不密实,也

可能出现露筋。

③麻面:拆模过早或模板表面漏刷隔离剂或模板湿润不够,构件表面混凝土易黏附在模板上造成麻面脱皮,或因混凝土气泡多,振捣不足。

④孔洞:钢筋较密的部位混凝土被卡,或因石子偏大,未经振捣就继续浇筑上层混凝土。

⑤缝隙与夹渣层:施工缝处杂物清理不净或未浇底浆等原因,易造成缝隙、夹渣层。

⑥现浇楼板面和楼梯踏步上表面平整度偏差太大:主要原因是混凝土浇筑后,表面未用抹子认真抹平;冬期施工在覆盖保温层时,上人过早或未垫板进行操作。

8.3.9　质量记录

①水泥的出厂证明及复验证明。

②钢筋的出厂证明或合格证以及钢筋试验报告。

③混凝土试配申请单和试验室签发的配合比通知单。

④钢筋隐蔽工程验收记录。

⑤模板验收记录。

⑥混凝土施工记录。

⑦混凝土试块 28 d 标养抗压强度试验报告。

⑧混凝土基础隐蔽工程验收记录。

⑨商品混凝土出厂合格证。

8.3.10　施工安全

①进入现场必须遵守安全生产六大纪律。

②搬运钢筋时,要注意附近有无障碍物、架空电线和其他临时电气设备,防止钢筋在回转时碰撞电线或发生触电事故。

③起吊钢筋骨架时,下方禁止站人,必须待钢筋骨架降到距模板 1 m 以下才允许靠近,就位支撑好方可摘钩。

④使用切割机前,须检查机械运转是否正常,是否有二级漏电保护,切割机后不允许堆放易燃物品。

⑤车道板单车行走宽度不小于 1.4 m,双车来回宽度不小于 2.8 m。在运料时,前后应保持一定车距,不允许奔跑、抢道或超车。到终点卸料时,双手应扶牢车柄倒料,严禁双手脱把,防止翻车伤人。

⑥用塔吊、料斗浇筑混凝土时,操作人员应主动避让,应随时注意料斗碰头,并应站立稳当,防止料斗碰人坠落。

⑦使用振动机前应检查电源电压,必须经过二级漏电保护,电源线不得有接头,观察机械运转是否正常。振动机移动时,不能硬拉电线,更不能在钢筋和其他锐利物上拖拉,防止割破拉断电线而造成触电伤亡事故。

8.3.11　环保措施

①钢筋头及其他下脚料应及时清理,成品堆放要整齐。

②严禁用废机油作为模板隔离剂,刷隔离剂时避免污染环境。

③优先使用商品混凝土,避免环境污染。

思考与练习

1. 简述筏板基础的构造。
2. 简述筏板基础的施工顺序。
3. 简述筏板基础的验收标准。

参考文献

[1] 陈希哲,叶青. 土力学地基基础[M].5 版. 北京:清华大学出版社,2013.
[2] 赵明阶. 土力学与地基基础[M]. 北京:人民交通出版社,2010.
[3] 黄熙龄,钱力航. 建筑地基与基础工程[M]. 北京:中国建筑工业出版社,2016.